2小时学会科学护肤

汪不静 著

電子工業出版社
Publishing House of Electronics Industry
北京 · BEIJING

图书在版编目（CIP）数据

2 小时学会科学护肤 / 汪不静著 . -- 北京 : 电子工业出版社， 2025. 4. -- ISBN 978-7-121-50109-8

Ⅰ . TS974.11

中国国家版本馆 CIP 数据核字第 20255YT958 号

责任编辑：于　兰
印　　刷：天津千鹤文化传播有限公司
装　　订：天津千鹤文化传播有限公司
出版发行：电子工业出版社
　　　　　北京市海淀区万寿路 173 信箱　邮编：100036
开　　本：720×1000　1/16　印张：10.5　字数：168 千字
版　　次：2025 年 4 月第 1 版
印　　次：2025 年 4 月第 1 次印刷
定　　价：68.00 元

凡所购买电子工业出版社图书有缺损问题，请向购买书店调换。若书店售缺，请与本社发行部联系，联系及邮购电话：（010）88254888，88258888。

质量投诉请发邮件至 zlts@phei.com.cn，盗版侵权举报请发邮件至 dbqq@phei.com.cn。

本书咨询联系方式：QQ1069038421，yul@phei.com.cn。

推荐序

在我从事皮肤科临床诊疗与研究的四十余年里，常常听到患者各种各样的关于护肤的疑惑：“为什么用了很多护肤美容品，皮肤反而越来越差?”“美容院推荐的‘特效疗法’，为什么让我的皮肤变得敏感泛红?”“我试过很多护肤攻略，但试来试去，为什么皮肤状况还是没有改善?”……五花八门的护肤方法及千奇百怪的问题留给我们思考。

在这个信息爆炸的时代，护肤似乎已经成为一门“玄学”，大家都在潮流与噱头中盲目跟风，却忽视了遗传背景、环境因素、年龄差异、职业习惯、饮食行为及胃肠状态等带来的皮肤个体差异，因此难以做到真正科学、有效地护肤。

读完这本书后，我感到格外惊喜。它不是一本堆砌护肤技巧的速成指南，也不是一本枯燥乏味的“大部头”护肤科普书，它从皮肤医学角度出发，用科学而有趣的方式，教大家如何读懂自己的皮肤、找到适合自己的护肤方案。

在皮肤科诊室里，患者常会问我一个问题：“医生，我的皮肤到底算什么类型呢？”其实，很多人的肤质并不是简单的干性或油性，而是多种问题叠加的复杂类型。汪不静老师在书中提到 16 种皮肤类型，并将其形象地比喻为在不同状态下的苹果，非常生动与直观。读者能根据这样形象的描述快速对号入座，找到自己的皮肤类型和养护方向。这种分类方式，不仅通俗易懂，而且极具实操性——即使是护肤小白，也能迅速掌握有针对性的皮肤护理方法。除此之外，本书中“九维护肤法”也十分科学、实用，它从 9 个维度出发精准护肤，几乎能覆盖所有的日常护肤需求。比如在皮肤屏障受损期如何科学修复；敏感肌如何避开常见刺激，增强屏障功能；痘痘肌如何在修复的同时防止炎症复发……这些方法非常适合读者在日常生活中应用。

在皮肤科门诊中，我一直提醒患者：“皮肤问题不是一天形成的，解决问题也不能指望在一夜之间”。但在现实生活中，很多人依然追求速效，频繁做医美项目或使用激素类药膏等，短期内皮肤状态看似好了，皮肤屏障却悄悄变得脆弱了。汪不静老师在书中反复强调“以养代疗”的养肤理念，我非常认同。“以养代疗”并不是让大家拒绝医美或激素类药膏，而是强调日常温和、稳定的养护，通过修复皮肤屏障、提升皮肤自愈力，使皮肤回归健康状态，这也与我在临床中一直倡导的“温和修复”理念不谋而合。在我看来，这本书不是一本简单的护肤手册，而是一个能改变护肤思维的实战指南。它能帮助读者避开护肤误区，建立科学认知，让读者学会如何结合自身皮肤特点，在不同时段、不同季节与不同年龄段“对症养肤”；更重要的是，它赋予每位读者成为自己皮肤的“护肤师”的能力。

希望每一位读者，都能从这本书中获得科学的护肤理念，养出健康美肌，享受自信与美丽。

自序

亲爱的读者朋友们，在你正式翻开这本书之前，我想先和你分享我的个人故事。这不仅关乎我为何写这本书，更关乎我为何从事美业。希望我的经历，一位女性的自我成长与蜕变的经历，能为每一位读者带去一丝力量。

我的童年，充满了“重男轻女”的影子。我在外公外婆家长大，在那个家里，外公总觉得“百无一用是女生”，对我百般挑剔。家里的男孩可以吃鸡腿、喝饮料，而我却连往白开水里放一勺糖都要被骂，更谈不上吃鸡腿。我至今还记得，第一次月经初潮时，在寒冬的夜晚，我用热水洗沾了血渍的衣物，却被外公指责“娇气”，说我浪费热水和煤气。

身处于这样的环境中，我从小就在心里埋下了一颗倔强的种子——我要实现“鸡腿自由”。

为了吃上鸡腿，我拼命读书。小学时我挑灯夜战，凌晨一点前从不睡觉；高三时，每次我的月考作文都会被全年级传阅；后来，我考上大学，毕业后又考入体制，短短几年，从基层公务员一路做到招商办主任，因为表现突出我还获得了省委省政府授予的“一等功”荣誉。那一年过年，外公笑眯眯地给我夹了一只最大的鸡腿，慈祥地对我说：“鸡腿好吃，吃个大的！”那一刻，我以为自己终于赢了。可当我真的吃上了鸡腿，我才意识到，我想要的不是一只鸡腿，而是选择鸡腿的自由。我希望女性能够拥有不被定义的人生，拥有选择与改变的权利。这份觉醒，让我在人生最“稳定”的阶段，做出了看似“冲动”的决定——辞职创业，投身美业。

我的美业之路始于一场韩国研讨会。在那次会议上，我针对中国皮肤市场需求提出的改进建议被采纳。

也是在那场差旅中，当我听到韩国出租车司机骄傲地谈论本国美业时，我心中生出了一个念头：为什么不能建立一套属于中国人的系统化皮肤管理方案呢?它不仅要解决皮肤问题，而且要推动美业向科学、健康、可持续的方向发展。

于是，我创立了“肌肤科养工程”，并提出了“以养代疗”的理念——不依赖激素和医美手段，而是通过科学养护，唤醒皮肤的自愈力。我和团队反复测试、打磨方案，最终获得市场认可，吸引了无数被皮肤问题困扰的用户。

如今，我已经拥有 5 家公司，服务问题皮肤用户 4 万位以上，并计划在未来两年内，建立轻医学美容皮肤科线下体验中心，5 年内形成全国性连锁体验网络。

而这本书便是我多年来的经验和心血结晶。我希望它能成为每一位读者手中的护肤宝典。这不只是一本简单的护肤科普书，更是一份简明易懂、可随手查阅且实操性强的“肌肤自由”指南!如果你也曾为了挑选护肤品而焦头烂额，买了一堆高价护肤品，却依然难以改善泛红、暗沉、痘痘、敏感等问题，不确定自己是哪种肤质，不清楚自己到底适合哪种护肤品……那别再用脸试错了!我在书中为 16 种不同皮肤类型量身定制了护肤方案，帮助你精准识别自身肤质，少走弯路，对皮肤实施科学养护。而且，书中还有针对各种皮肤问题的“锦囊妙计”，让你轻松应对生活中不同因素对皮肤造成的影响，解决日常生活中的皮肤烦恼。此外，书中收录的真实的问题皮肤修复案例，或许能让你看到与自己肤质相似的朋友的护肤经历哦。

我始终相信：美丽并不是奢侈品，它属于每一个懂得科学护肤的你。

我曾经为了“鸡腿自由”而努力，如今，我开始为实现“肌肤自由”而努力。这本书是一份我送给所有女性的礼物，愿它能成为你护肤道路上的明灯，让你在追求健康与美丽的道路上自信前行。

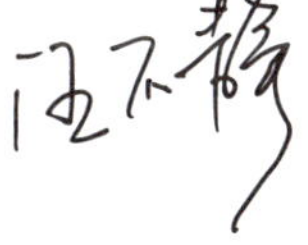

目录

第一章 欢迎进入皮肤世界

第二章 问题皮肤“导航仪”

第一章

欢迎进入皮肤世界

欢迎进入皮肤世界

欢迎来到奇妙的皮肤世界！

凭借我多年研究护肤的经验，在开始讲述如何解决各种皮肤问题之前，我们要先搞清楚皮肤的结构是怎样的，它是如何运作的，然后我们才能“对症下药”，更好地解决皮肤问题。

今天，我将带大家走进奇妙的皮肤实验室，看看我们的皮肤是如何 24 小时不间断工作的。

皮肤的层次：表皮层、真皮层和皮下组织

首先，我们的皮肤并不是单纯的一层，而是由三层不同的部分——表皮层、真皮层和皮下组织构成的，每一层都有它的使命。今天，作为皮肤实验室的导游，我将给大家介绍不同的皮肤层是如何分工合作的！

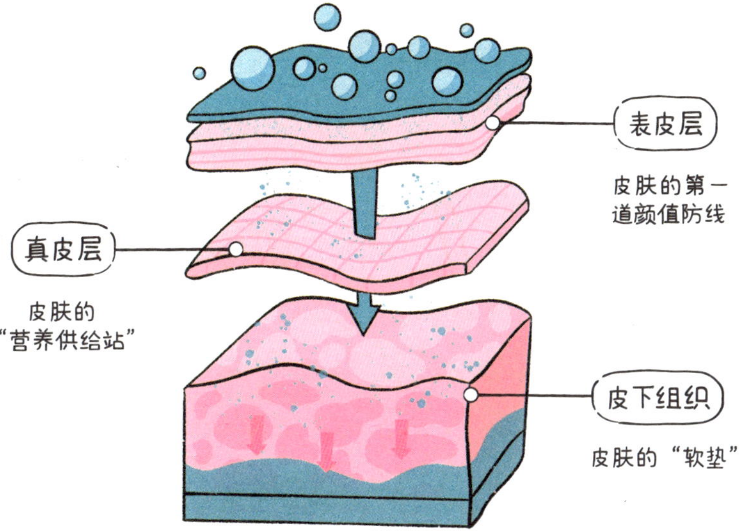

01 表皮层，皮肤的第一道颜值防线

如果将我们的皮肤比作一座城堡，那么表皮层就是外面那道坚固的城墙。它的主要作用就是防御，阻挡各种外界“敌人”，比如细菌、病毒和紫外线，

防止它们进入身体。人体的表皮层非常薄，厚度大约只有 0.1 毫米，面部皮肤的表皮层比身体其他部位的表皮层更薄，只有 0.05~0.1 毫米。表皮层主要由角质层和棘层等多个部分组成，在保护身体、抵御外界刺激和防止水分流失等方面起着至关重要的作用。

综上所述，表皮层主要有以下两个功能。

防御功能
抵御外界敌人

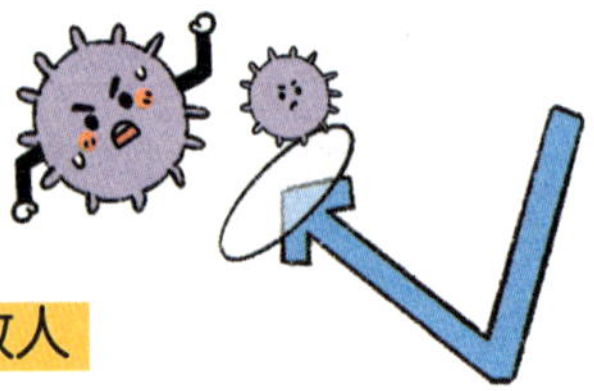

表皮层的角质层像一道城墙，主要功能是防止外界的污染物进入人体，同时维持皮肤的水分平衡。表皮层能够防止灰尘、细菌和化学物质等“敌人”进入到深层皮肤造成伤害。

保湿功能
锁住水分

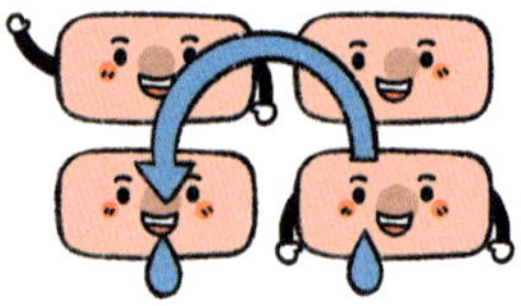

除此之外，表皮层中的脂质和天然保湿因子能够保持皮肤水分，尤其是角质层中的细胞间脂质，它们可以锁住水分，防止皮肤干燥。如果这些脂质被破坏，皮肤就会失去保湿能力，变得干燥甚至开裂。所以，补水和保湿是保持表皮层健康的关键哦。

当然，我们也不要小瞧棘层，它是表皮层中最厚的一层，由多边形的细胞构成。它们之间通过特殊结构连接在一起，形成一个坚固的“网格系统”，为皮肤提供一定的机械强度，防止外力导致的撕裂和损伤。这些细胞还会进行分裂，从而为表皮层的自我更新提供源源不断的“新鲜血液”。

表皮层的黑色素细胞也是面部皮肤的“功臣”之一，它们可以通过制造黑色素来帮助皮肤抵御紫外线的伤害。但面部皮肤在日晒后容易出现色斑、肤色不均等问题，往往是黑色素细胞在受到过度刺激后，拼命工作导致的结果。所以，虽然有黑色素细胞，但防晒这件事，真的不能偷懒啊。

表皮层的结构和功能决定了它主要有两个护肤重点。

去角质

去角质能够帮助除去老化的角质细胞，让皮肤显得更加光滑和透亮，但也不能过度去角质，否则会导致皮肤屏障受损。

注意防晒

表皮层中的黑色素细胞会通过生成黑色素来抵御紫外线的侵害。但如果人体暴露在强烈的紫外线下，黑色素细胞会拼命工作，导致出现色斑和肤色不均等问题。因此，无论天气如何，防晒都是必不可少的。

欢迎来到“皮肤防御军”小测验！

接下来，我会给大家出几个有趣的小问题，看看你们对表皮层的这些“小战士”了解多少。每个问题都会帮助你们更好地认识和呵护皮肤哦。

Q1：哪一层是皮肤的“城墙”，负责防止污染和细菌进入？

A. 表皮层　　B. 真皮层　　C. 皮下组织

Q2：如果你想让皮肤更透亮，应该采取什么护肤步骤？

A. 每天都用力搓洗面部

B. 每周定期温和去角质

C. 完全不管皮肤的角质层

Q3：黑色素细胞的工作是什么？它们为什么有时会“工作过度”？

A. 生成黑色素来防晒，但过度暴露在阳光下会让它们工作过度，导致色斑和肤色不均

B. 分泌油脂

C. 提供弹性纤维

Q4：无论是晴天还是阴天，防晒都很重要吗？为什么？

A. 不重要，因为阴天没有紫外线

B. 重要，因为紫外线会穿透云层直达皮肤

C. 只在下雨天才需要防晒

Q5：关于表皮层的主要作用，以下哪种说法是正确的？

A. 帮助皮肤对抗外界污染并锁住水分

B. 分泌油脂让皮肤更加光滑

C. 负责生成胶原蛋白，让皮肤更紧致

小贴士

回答完毕后，来参考一下正确答案。

Q1：A　Q2：B　Q3：A　Q4：B　Q5：A

如果你全答对了，恭喜你！你的护肤知识掌握得非常棒，记得运用这些小知识保持皮肤健康哦！如果有答错的也没关系，这只是一个小小的练习，继续阅读本书，了解更多关于护肤的秘诀吧！

02 真皮层，皮肤的“营养供给站”

真皮层位于表皮层下面，虽然我们看不到它，但它却是皮肤的核心工作层，也是很多重要功能的发源地。真皮层的厚度为 1~2 毫米，充满了各种活跃的细胞和组织。真皮层堪称“营养供应站”，为皮肤提供水分和养分，还兼任“修复师”的工作。

举个例子，当你不小心摔了一跤，蹭破了皮，那第一时间上场的，正是我们真皮层的修复团队。它通过生产新的细胞和组织，快速修补皮肤的受损区域。

首先，真皮层里有大量的胶原蛋白和弹性纤维，这是让皮肤保持年轻、紧致的关键。它们就像一张结实的弹簧床，支撑着皮肤，给它弹性和韧性。但随着年龄的增长，皮肤里的胶原蛋白和弹性纤维会慢慢减少，皮肤也会因此逐渐失去弹性，产生皱纹。

那么，身兼数职的真皮层每天都在忙些什么呢？

提供支撑与弹性

真皮层中的胶原蛋白和弹性纤维就像是皮肤的框架，为皮肤提供结构和弹性。当框架开始松弛，皮肤就会失去年轻的光彩，出现皱纹和下垂的现象。

修复与再生

当皮肤受损时，真皮层的细胞会迅速响应，产生新的组织来修复损伤。比如，当你不小心被划伤时，真皮层中的纤维母细胞会分泌胶原蛋白，帮助伤口愈合。

除此之外，真皮层里还有很多血管和淋巴管，负责运输营养物质和氧气，保持皮肤健康，让脸色看起来红润、有光泽。所以我们熬夜之后，血液循环不良，脸色就会变得发黄、暗沉。

真皮层中还密布着神经末梢，它们接收外部的各种刺激，比如冷热、疼痛和触摸。神经末梢负责将外部刺激传递给大脑，这不仅帮助我们快速感知周围环境，而且让皮肤的自我保护机制运行得更加高效。

最后，非常重要的皮脂腺也分布在真皮层中。它们的主要工作是分泌油脂，帮助皮肤形成天然的屏障并锁住水分。虽然大家都不喜欢皮肤出油，但适量的油脂对皮肤的保护作用不可小觑。所以，油性皮肤的朋友们，切忌过度清洁导致皮肤干燥哦。

敲黑板！真皮层的护肤重点来啦！

促进胶原蛋白生成

为了延缓衰老，保持皮肤的紧致和弹性，我们可以通过使用护肤品和培养良好的生活习惯来促进胶原蛋白的生成。比如，使用含有维生素 C 和视黄醇的护肤品能够刺激胶原蛋白合成，改善细纹和皱纹。

保持良好的血液循环

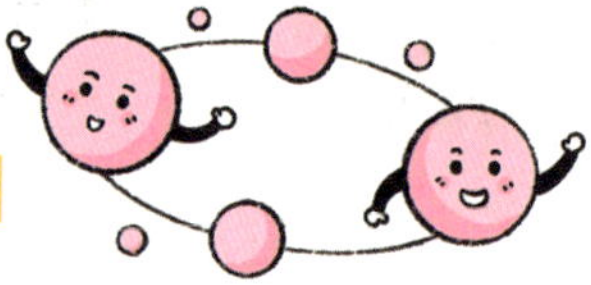

按摩皮肤可以促进血液循环，为真皮层的细胞提供更多的营养和氧气。除此之外，定期运动和保持健康的生活方式也是促进血液循环的有效方法。

小贴士

亲爱的，你有定期按摩皮肤的习惯吗？

如果没有，建议你每天花几分钟时间轻轻按摩面部皮肤，这不仅有助于放松，还能促进血液循环，让皮肤看起来更加红润哦。

03 皮下组织，皮肤的“软垫”

皮下组织位于真皮层之下，负责给面部皮肤提供支撑和缓冲。皮下组织主要由脂肪细胞组成，这些细胞就像小小的储备仓库，为面部提供必要的脂肪填充。没错，圆润的脸颊、饱满的苹果肌，全都仰赖这部分脂肪细胞的默默支持。

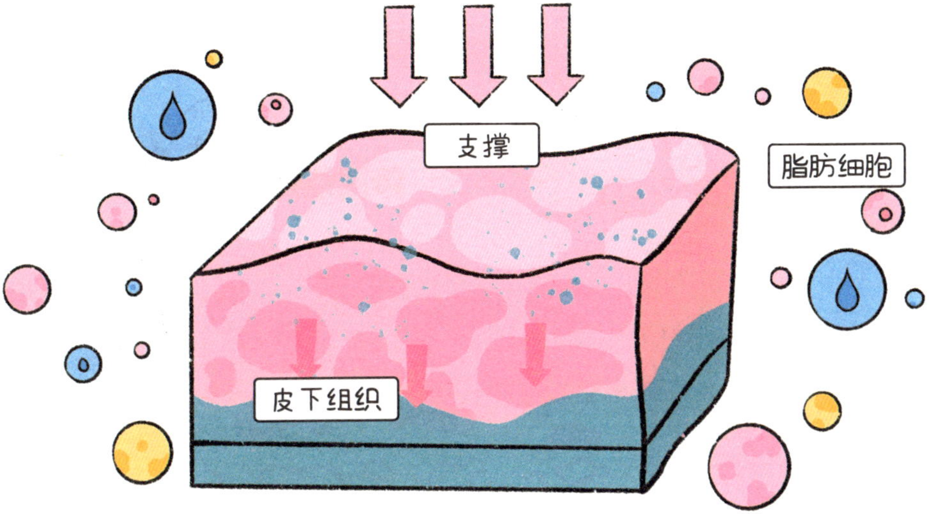

除此之外，皮下组织中的结缔组织能将脂肪细胞与其他皮肤组织连接在一起，形成一个坚固的网络结构。

皮下组织中还分布着许多血管和神经，它们起着连接皮肤与身体其他部分的作用，帮助调节皮肤温度，同时也为脂肪细胞提供必要的养分和氧气。

总之，皮下组织就是给你的脸蛋儿打“地基”的，它就像是一层天然的缓冲垫。有人抱怨自己脸上脂肪太多，其实这些皮下脂肪很重要啊！它是你的储备仓库，为你储存能量。当室外气温骤降时，皮下组织可替你抵御寒风为你保温，真是尽职尽责得很呢。

那么，皮下组织的日常工作有哪些呢？

缓冲与支撑

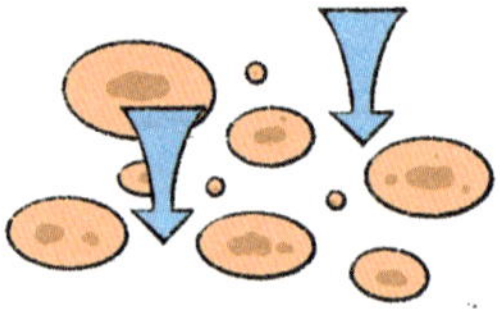

皮下组织中的脂肪细胞就像一个天然的软垫，当你摔倒或者撞到某些东西时，能够通过缓冲作用，减少外界撞击对皮肤的伤害。

调节体温

皮下组织中的脂肪细胞还可以帮助人体调节体温，尤其是在寒冷的天气里，它们像一层保暖的棉被，防止体内热量流失，从而保持体温稳定。

储存能量

皮下组织是重要的身体能量储存器，脂肪细胞能够存储多余的能量，当身体需要时（如在饥饿状态或剧烈运动时），这些储备能量会被释放出来，供身体使用。

那么，皮下组织应该如何护理呢？

合理管控脂肪含量

虽然过多的皮下脂肪给人带来困扰，但它们对皮肤的支撑和保暖作用不可忽视。过度减脂可能会使皮肤失去支撑，变得松弛和下垂。因此，保持适量的脂肪摄入是让皮肤保持饱满和紧致的关键之一。

增强皮下血液循环

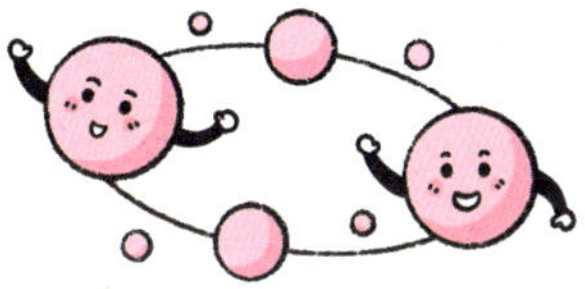

皮下组织中的血管对于脂肪细胞的代谢至关重要。通过日常运动和皮肤按摩，可以促进皮下血液循环，从而改善皮肤的整体健康状况。特别推荐有氧运动，它能够有效地增强皮下组织的血液流动，帮助脂肪细胞更好地代谢哦。

对了，你们有没有发现有些人过度节食或快速减肥后，脸部会显得有些凹陷？这就是皮下组织中的脂肪含量减少的结果。

所以，健康饮食和合理的运动对保持皮肤的饱满度非常重要。

感谢你参观汪不静的护肤实验室！现在你有没有觉得护理皮肤是远比我们想象得更复杂的工程呢？接下来，我将会带你进一步了解皮肤的三个层次是如何分工合作、相互影响的，快来一起看看吧。

你的皮肤屏障是如何工作的？

皮肤屏障是皮肤抵御外界刺激、保持水分和维持健康的重要结构，其中，角质层和皮脂膜是构成皮肤屏障的重要组成部分；而皮肤的三大层次——表皮层、真皮层和皮下组织，则是皮肤的整体架构。它们相互作用，共同维持皮肤的健康和稳定。

皮肤屏障主要依靠角质层和皮脂膜的通力合作。角质层由角质细胞与细胞间脂质构成，角质细胞如砖块，细胞间脂质似灰浆，它们紧密排列能防止水分流失、抵御外界有害物质及部分紫外线。皮脂膜由皮脂、汗液等乳化而成，呈弱酸性。它能减缓皮肤水分的蒸发，起到保湿润滑的作用，其酸性特质和成分能抑制微生物生长。此外，皮脂膜还参与皮肤的免疫防御机制，与角质层共同守护皮肤健康。

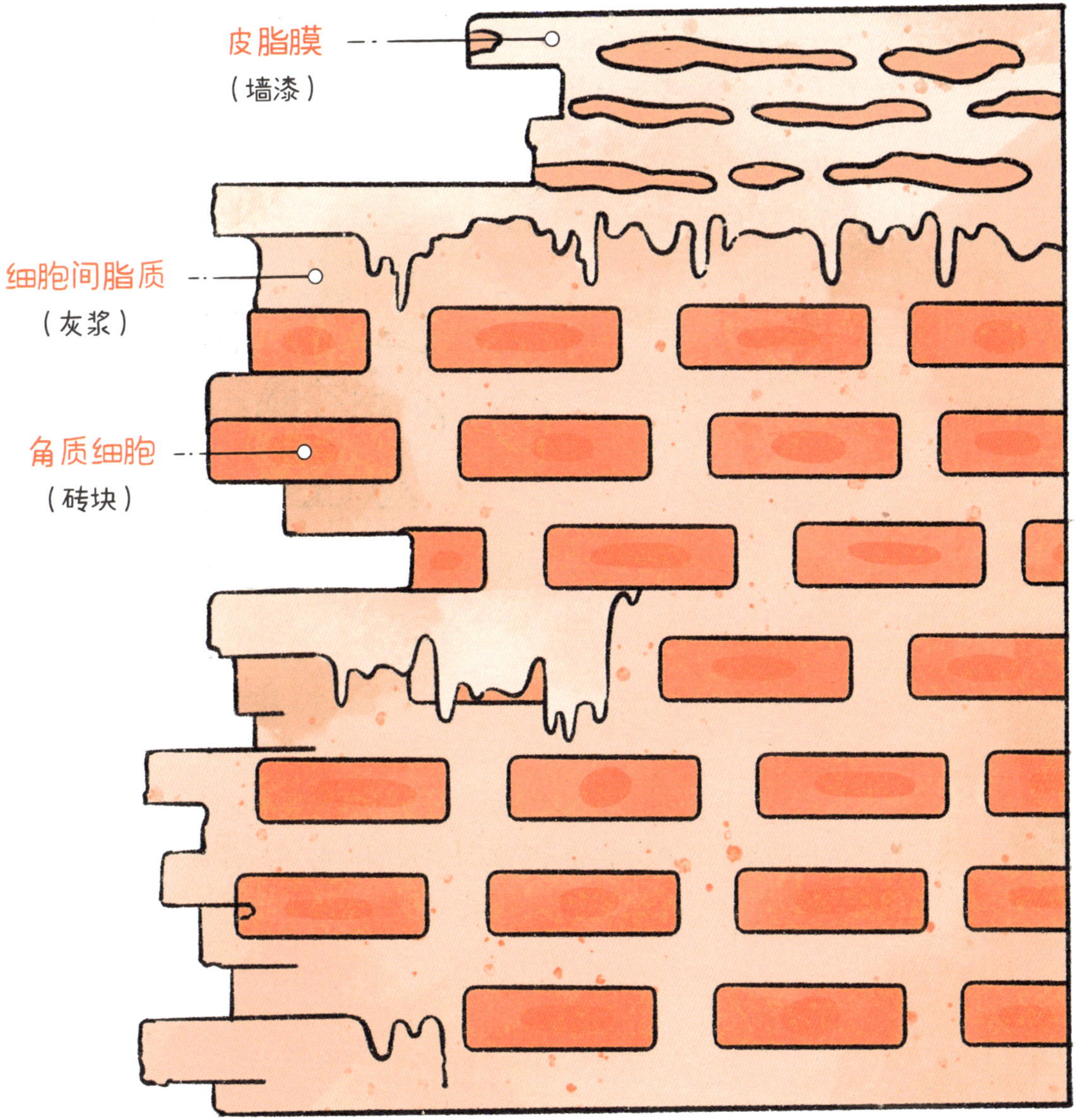
皮脂膜
（墙漆）
细胞间脂质
（灰浆）
角质细胞
（砖块）

01 表皮层与真皮层的默契配合

表皮层就像一个严肃的门卫，日夜站岗，时刻防范外界的细菌攻击、风吹日晒，确保皮肤内部的安全。不过，这个“门卫”可不是单打独斗，它需要真皮层这个“营养供应站”的鼎力支持。

真皮层的血液循环系统就像快递员送外卖一样，要准时给表皮层源源不断地输送水分和养分。如果真皮层偷懒了，表皮层可就要“喊渴”了，干燥、起皮、屏障功能失常等皮肤问题将接踵而至！

当表皮层不小心受伤时，比如磕破了皮，真皮层立刻启动“紧急修复小组”。真皮层的纤维母细胞会像维修工人一样，立刻奔赴“现场”，开始修复工程——生成新的胶原蛋白和弹性纤维，补好“破洞”，让皮肤恢复原状。是不是很高效？

02 真皮层与皮下组织的黄金组合

说到真皮层，它可是守护皮肤的“战士”！它里面藏着胶原蛋白和弹性纤维，负责撑起整个皮肤的框架，使皮肤饱满有弹性。

而皮下组织的脂肪细胞则像一个厚厚的“软垫”，为皮肤提供了更深层次的支撑。这种上下层的合作，使得皮肤在受到外界压力时，既能保持紧致又不易受损。真皮层与皮下组织简直是完美的黄金组合。

皮下组织的脂肪细胞是个称职的“温控师”，它专门负责保暖，确保你在寒冷的冬天不会冻得瑟瑟发抖。

真皮层的血管也不甘示弱，它承担了皮肤的温度调节工作，根据外界环境的变化做出相应反应：天气炎热时，血管扩张，帮助散热；天气寒冷时，血管收缩，保存热量。

你看，连你的体温都是由这两个层次共同调节的，我们的皮肤屏障是不是十分精密呢？

03 表皮层与皮下组织的远程协作

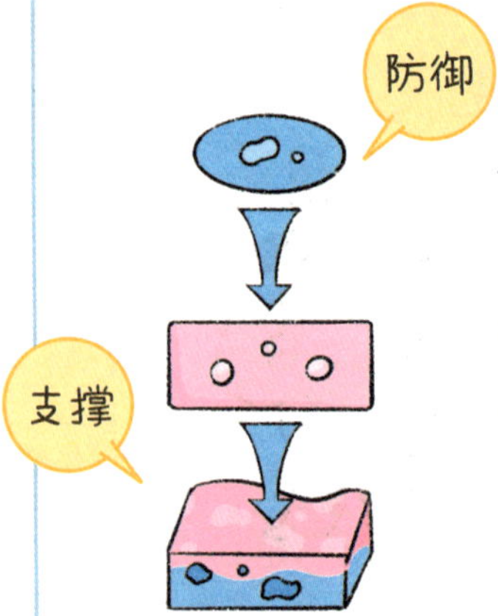

表皮层和皮下组织之间虽然隔着真皮层，但它们的关系还是非常紧密的。

表皮层作为皮肤的第一道防线，就像是城墙一样，阻挡外界的风吹日晒。而皮下组织则是深层的“地基”，为皮肤提供更深层次的支撑和缓冲，确保皮肤在受到外力冲击时不会一击即倒。这样的组合，让你的皮肤像坚固的堡垒，将一切外界不良因素挡在门外。

你的肤色和饱满度，其实和表皮层的黑色素细胞以及皮下组织的脂肪细胞密切相关。健康充足的皮下脂肪会让你的脸看起来饱满有弹性，而表皮层的黑色素细胞则能够避免皮肤因紫外线暴晒而受损或出现色斑。

表皮层负责防晒与调和肤色，皮下组织负责让你看起来元气十足，二者相辅相成，缺一不可！

皮肤保护小技巧

你知道吗？在进行户外活动时，除了要做好防晒，还要通过保湿（例如涂抹保湿霜）来增强皮肤的弹性和抵抗力哦。这是因为湿润的皮肤比干燥的皮肤更不容易受到损伤。

皮肤诊断测试

你是哪种类型的皮肤？
快来测一测！

亲爱的，你是不是总在琢磨自己的皮肤到底应该怎么护理？

不急，让我们先从简单的测试题开始，了解你的皮肤属于哪种类型，然后找到最适合你肤质的护肤方案。

在测试之前，请一定要放宽心哦！本测试所有的选项都没有任何指向性，测试结果也无法评判我们皮肤的好坏，本测试只是为了帮助我们更好地了解自己皮肤的状态，所以请放心大胆地去选择哦！

油性（Oily） vs 干性（Dry）

Q1：洗完脸后不到 1 小时，皮肤是否容易出油？

A. 基本不会　B. 是的，尤其在 T 区　C. 偶尔会，但不明显

Q2：洗完脸后是否需要立即使用保湿产品，才能避免紧绷感？

A. 需要，否则会觉得干燥

B. 不需要，皮肤感觉滋润

C. 偶尔需要，看情况而定

Q3：一天内皮肤出油量是否多到需要多次使用吸油纸？

A. 完全不需要　B. 需要，通常两次以上　C. 偶尔需要

Q4: T 区(额头、鼻子、下巴)和 U 区(脸颊、下巴线)的出油状况是否差异很大?

A. 不大，整个面部都很干

B. 是的，T 区出油很多

C. 有一定差异，但都不算严重

Q5：在换季时皮肤是否容易出现干燥或脱皮现象?

A. 是的，尤其在冬季

B. 基本不会，保持平衡

C. 偶尔会，但不严重

Q6：每到下午时，皮肤是否看起来油光满面?

A. 不会，皮肤仍旧干燥

B. 是的，尤其在 T 区

C. 偶尔会，视天气情况而定

Q7：皮肤是否在使用油基产品后感觉更加舒适?

A. 是的，感觉更滋润

B. 不会，油基产品让皮肤更油

C. 视产品而定，有时会适合

Q8：使用轻薄面霜或啫喱后是否也感到足够滋润?

A. 不够，需要更滋润的产品

B. 是的，轻薄面霜就够

C. 在夏季足够，但在冬季需要使用厚重一些的产品

Q9：在冬季，皮肤是否容易变得粗糙或起屑?

A. 很容易起屑　B. 基本没有变化　C. 只有在室内很干燥的情况下

Q10：使用控油洁面乳或清洁面膜后，是否感到皮肤干涩不适？

A. 是的，经常如此　B. 不会，皮肤依然滋润　C. 偶尔有干涩感

每个问题的答案对应以下得分：

A 选项，得分 1 分　B 选项，得分 3 分　C 选项，得分 2 分

分数统计

油性 vs 干性

	题号	A	B	C
皮肤状况	1	1 □	3 □	2 □
	2	1 □	3 □	2 □
	3	1 □	3 □	2 □
	4	1 □	3 □	2 □
	5	1 □	3 □	2 □
	6	1 □	3 □	2 □
	7	1 □	3 □	2 □
	8	1 □	3 □	2 □
	9	1 □	3 □	2 □
	10	1 □	3 □	2 □
	分数汇总小计为：________			

你是哪种类型的皮肤呢?

将以上所有问题的答案得分相加就能得出结果哦!

0~15 分　干性皮肤

如果得分为 0~15 分，属于干性皮肤（简称“干型”或 D）。

16~25 分　混合性皮肤

如果得分为 16~25 分，属于混合性皮肤，即干性与油性兼具!

26~30 分　油性皮肤

如果得分为 26~30 分，属于油性皮肤（简称“油型”或 O）。

敏感性（Sensitive）　vs　耐受性（Resistant）

Q1：皮肤对新的护肤品或化妆品容易产生刺痛、发红等反应吗?

A. 不会，一般没有明显反应

B. 是的，经常感到不适

C. 偶尔会有，但很快能适应

Q2：在使用含有酸类（果酸、水杨酸）的护肤品后，皮肤是否有强烈的刺痛感或出现脱皮？

A. 基本不会

B. 是的，经常有这种反应

C. 轻微的刺痛感，但不持续

Q3：当温度变化较大时（如进出空调房），皮肤是否容易发红？

A. 基本没有影响

B. 是的，很容易发红

C. 偶尔会发红，但很快恢复

Q4：是否对含有香料或酒精的护肤品有过敏反应？

A. 没有任何反应

B. 是的，经常会产生刺激感

C. 视产品浓度而定，有时会有反应

Q5：是否在精神压力较大或者情绪波动较大时，皮肤会出现如泛红或瘙痒等问题？

A. 基本没有　　B. 是的，经常出现　　C. 偶尔有，但不严重

Q6：是否有过因使用某款化妆品或护肤品而导致皮肤长期不适或损伤的情况？

A. 从未有过　　B. 经常有，无法忍受　　C. 有过一两次，但不常见

Q7：在去角质（物理或化学）后，皮肤是否容易发红或长时间有不适感？

A. 基本没有不适感

B. 经常发红，感觉刺激

C. 轻微发红，很快消退

Q8：是否在户外活动后容易出现皮肤发红或干燥的情况？

A. 基本不会

B. 是的，经常如此

C. 有时会，但不是每次

Q9：是否曾经接受过皮肤科医生的建议使用药物类护肤品以缓解皮肤敏感？

A. 没有　　B. 是的，长期使用　　C. 偶尔用药物缓解

Q10：是否在季节变换时特别容易出现皮肤过敏或不适反应？

A. 基本不会

B. 是的，每次换季都出现问题

C. 偶尔会有轻微不适

每个问题的答案对应以下得分：

A 选项，得分 1 分　B 选项，得分 3 分　C 选项，得分 2 分

分数统计

敏感性 vs 耐受性

	题号	A	B	C
皮肤状况	1	1 □	3 □	2 □
	2	1 □	3 □	2 □
	3	1 □	3 □	2 □
	4	1 □	3 □	2 □

皮肤状况	5	1 □	3 □	2 □
	6	1 □	3 □	2 □
	7	1 □	3 □	2 □
	8	1 □	3 □	2 □
	9	1 □	3 □	2 □
	10	1 □	3 □	2 □
	分数汇总小计为：			

你是哪种类型的皮肤呢?

将以上所有问题的答案得分相加就能得出结果哦!

0~15分　耐受性皮肤

如果得分为0~15分，属于耐受性皮肤（简称“耐受型”或R）。

16~25分　轻度敏感性皮肤

26~30分　高度敏感性皮肤

如果得分为16~30分，属于敏感性皮肤（简称“敏感型”或S）。

色素沉着性（Pigmented） vs 非色素沉着性（Non-Pigmented）

Q1：皮肤是否容易长色斑（如晒斑、雀斑、黑斑）？

A. 基本没有或很少

B. 非常容易，尤其在暴晒后

C. 只有在长时间暴晒后才会出现

Q2：伤口或痘痘愈合后，是否容易留下深色痕迹？

A. 很少留下痕迹

B. 基本每次都会留痕迹

C. 偶尔会，但大部分会消退

Q3：长时间暴晒后，皮肤是否容易产生新的色斑？

A. 很少

B. 非常容易

C. 偶尔会

Q4：家族成员（父母、兄弟姐妹）是否容易长色斑？

A. 没有

B. 是的，家族中很多人容易长色斑

C. 只有少数家族成员容易长色斑

Q5：在晒太阳后，皮肤的颜色是否容易变得不均匀？

A. 没有明显变化

B. 非常容易肤色不均

C. 偶尔出现

Q6：是否有特别的部位（如颧骨、前额）容易出现色素沉着？

A. 没有
B. 有，且很明显
C. 偶尔会在特定部位

Q7：是否尝试过美白产品来淡化色斑，但效果并不明显？

A. 不需要使用美白产品
B. 经常使用，但效果有限
C. 偶尔使用，有一定效果

Q8：在皮肤炎症（如湿疹、痘痘）痊愈后，是否会留下深色斑痕？

A. 没有，一般没有痕迹
B. 有，几乎每次都会留下斑痕
C. 有时候会，但不严重

Q9：是否因为怀孕、内分泌变化等原因而产生色素沉着？

A. 没有明显变化
B. 有，色素沉着明显增加
C. 有轻微的色素沉着变化

Q10：是否容易受到紫外线影响而产生新的色斑或肤色变暗？

A. 不易受到影响
B. 是的，很容易变暗
C. 有时会变暗，但可以恢复

每个问题的答案对应以下得分：

A 选项，得分 1 分　B 选项，得分 3 分　C 选项，得分 2 分

分数统计

色素沉着性 vs 非色素沉着性

	题号	A	B	C
皮肤状况	1	1 □	3 □	2 □
	2	1 □	3 □	2 □
	3	1 □	3 □	2 □
	4	1 □	3 □	2 □
	5	1 □	3 □	2 □
	6	1 □	3 □	2 □
	7	1 □	3 □	2 □
	8	1 □	3 □	2 □
	9	1 □	3 □	2 □
	10	1 □	3 □	2 □
	分数汇总小计为：________			

你是哪种类型的皮肤呢？

将以上所有问题的答案得分相加就能得出结果哦！

0~15 分　非色素沉着性皮肤

如果得分为 0~15 分，属于非色素沉着性皮肤（简称“非色素型”或 N）。

16~25 分　中度色素沉着性皮肤

26~30 分　高度色素沉着性皮肤

如果得分为 16~30 分，属于色素沉着性皮肤（简称“色素型”或 P）。

皱纹性（Wrinkled）　vs　紧致性（Tight）

Q1：是否容易在眼角、额头等部位出现细纹？

A. 没有明显细纹

B. 有不少细纹，尤其是在表情丰富时

C. 细纹只有在表情大幅度变化时才会显现

Q2：是否注意到皮肤开始失去弹性和紧致？

A. 没有，皮肤依旧紧致

B. 有明显松弛，尤其在下巴和颈部

C. 有一些松弛，但整体不算明显

Q3：在家族成员中，是否有较早出现皱纹的情况？

A. 没有，家族成员皮肤老化较晚

B. 有，家族中许多人在较早的时候就出现皱纹

C. 情况各不相同，有些人较早，有些人较晚

Q4：是否习惯做出较大表情（如眯眼、大笑），且这些表情部位出现了动态纹？

A. 没有

B. 有，动态纹已经变为静态纹

C. 有些动态纹，但表情恢复后消失

Q5：皮肤纹理是否在阳光下比平时更为明显？

A. 没有明显变化　B. 是的，纹理明显加深　C. 偶尔会，但很快恢复

Q6：在夜晚清洁皮肤后，皮肤是否更容易显现皱纹或细纹？

A. 没有，皮肤光滑

B. 是的，清洁后皱纹变得明显

C. 感觉干燥时偶尔会显现

Q7：是否感到面部皮肤开始下垂，尤其是在下巴和颈部？

A. 没有，皮肤依然紧致

B. 有下垂的迹象，特别是在颈部

C. 轻微松弛，但不是很严重

Q8：洗完脸后，是否感觉面部松弛而不是紧致？

A. 没有，洗脸后皮肤紧致有弹性

B. 是的，皮肤显得松弛

C. 偶尔有这种感觉，特别是在使用某些产品后

Q9：是否曾尝试过抗皱产品（如维 A 酸），但是对细纹的改善效果不显著？

A. 不需要抗皱产品

B. 尝试过，但改善效果有限

C. 有一定改善，但效果不持久

Q10：是否注意到暴晒后皮肤纹理更加明显，且需要较长时间恢复？

A. 基本没有明显变化

B. 是的，纹理加深且恢复缓慢

C. 有一定变化，但恢复较快

每个问题的答案对应以下得分：

A 选项，得分 1 分　B 选项，得分 3 分　C 选项，得分 2 分

分数统计

皱纹性 vs 紧致性

题号	A	B	C
1	1 □	3 □	2 □
2	1 □	3 □	2 □

皮肤状况	3	1 □	3 □	2 □
	4	1 □	3 □	2 □
	5	1 □	3 □	2 □
	6	1 □	3 □	2 □
	7	1 □	3 □	2 □
	8	1 □	3 □	2 □
	9	1 □	3 □	2 □
	10	1 □	3 □	2 □
	分数汇总小计为：________			

你是哪种类型的皮肤呢？

将以上所有问题的答案得分相加就能得出结果哦！

0~15 分　紧致性皮肤

如果得分为 0~15 分，属于紧致性皮肤（简称“紧致型”或 T）。

16~25 分　早期皱纹性皮肤

26~30 分　明显皱纹性皮肤

如果得分为 16~30 分，属于皱纹性皮肤（简称“皱纹型”或 W）。

最后，结合 4 个维度的选择，你可以得出自己的皮肤类型哦！

ORPT
油型
耐受型
色素型
紧致型

ORPW
油型
耐受型
色素型
皱纹型

ORNT
油型
耐受型
非色素型
紧致型

ORNW
油型
耐受型
非色素型
皱纹型

OSPW
油型
敏感型
色素型
皱纹型

OSPT
油型
敏感型
色素型
紧致型

OSNW
油型
敏感型
非色素型
皱纹型

OSNT
油型
敏感型
非色素型
紧致型

DRPW
干型
耐受型
色素型
皱纹型

ORPT
干型
耐受型
色素型
紧致型

ORNT
干型
耐受型
非色素型
紧致型

ORNW
干型
耐受型
非色素型
皱纹型

OSPW
干型
敏感型
色素型
皱纹型

DSPT
干型
敏感型
色素型
紧致型

DSNW
干型
敏感型
非色素型
皱纹型

OSNT
干型
敏感型
非色素型
紧致型

无效护肤，不如不做。而精准护肤，" 以养代疗 "，才能让皮肤呈现健康靓丽的光彩。这份光彩其实本就应属于你。通过这样的细分，我们可以更好地了解皮肤的各个方面，然后结合后面章节的介绍，就能够制订更加精准的个性化养肤方案。

通过皮肤诊断测试，相信你对自己的皮肤类型已经有些了解了。接下来，本书会针对 16 种皮肤类型，分别提出 16 条养肤路径。

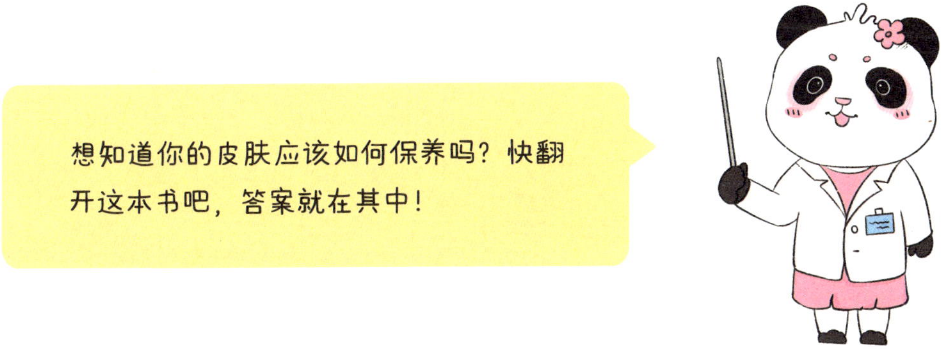

注：本测试是根据美国著名皮肤科医生褒曼（Dr.Leslie Baumann）的皮肤分类体系进行设计的。

第二章

问题皮肤“导航仪”

问题皮肤“导航仪”

亲爱的，皮肤诊断测试做完了吗？知道自己属于哪种类型的皮肤了吗？接下来，我会详细介绍16种皮肤类型的特征，深入拆解其常见问题，并针对每类皮肤的具体问题提出精准且科学的养肤路径。

这一章内容就像一幅详尽的问题皮肤导航图，大家可以对照自己的皮肤类型和问题，参考我给出的个性化养肤方案实现精准护肤！话不多说，让我们即刻启程，探寻让皮肤闪耀的秘诀吧！

16种皮肤类型，16条养肤路径

01 蜡油苹果型 ORNT（油型 + 耐受型 + 非色素型 + 紧致型）

这类皮肤紧致有弹性，感觉比同龄人年轻，对护肤品耐受，无色素沉着，但T区常泛油光。

问题拆解

泛油，毛孔粗大
偶尔长闭口痘痘

养肤路径

温和清洁

清洁面部时，选对产品至关重要。建议使用氨基酸洁面泡泡，清洁力强且温和，能深入毛孔溶油，防止毛孔堵塞，预防闭口痘痘。但洁面不宜过度，一般早晚各一次，以避免破坏皮肤屏障，导致水分流失，让皮脂腺“过劳”，陷入“越洗越油”的困境。

清爽护肤

洁面后，用含金缕梅提取物、茶树精油的爽肤水，前者收缩毛孔、调油脂，后者抗菌消炎，抑制痤疮杆菌，两者堪称“控油双煞”。使用时倒爽肤水于化妆棉上，轻擦 T 区油脂旺盛处，通过分区护理，帮助皮肤各区域达到最佳状态，绽现清爽光彩。

炎症痘痘处理

痘痘出现时，用含苦参根提取物的祛痘产品点涂，避免大面积涂抹刺激皮肤。

闭口改善

酸类产品是闭口肌的“救星”，它能调整皮肤微态平衡，促进角质层的新陈代谢，帮助去除堵塞毛孔的角质，从而改善闭口情况。但一定要注意的是：酸类产品的浓度和使用频率需要量身定制，建议在专业人士的指导下根据皮肤的具体情况调整浓度、使用量及使用频率。一般而言，酸类产品建议在晚上使用，因为夜间 11 点至凌晨 5 点是皮肤新陈代谢的最佳时间，不同时间段皮肤的状态和需求是不同的，更详细的内容可以参考后面介绍的九维护肤法。

02 蔫蜡油苹果型 ORNW（油型＋耐受型＋非色素型＋皱纹型）

这类皮肤表皮泛油光，皮肤耐受，却出现了细纹，尤其是在眼角和额头。

问题拆解

出油多，毛孔粗大

面部局部松弛，易有皱纹

眼周皮肤易干燥，易出现细纹

养肤路径

温和洁面

选用温和洁面产品，注意防止过度清洁破坏皮肤屏障，让皮肤失水，而且刺激油脂分泌，陷入“越洗越油”的恶性循环，这可得不偿失哦。

去角质

去角质也有讲究。

T 区等油脂分泌旺盛的区域可以选用酸类产品，例如微态平衡液，它能够促进角质层的新陈代谢，去除堵塞毛孔的角质，帮助皮肤恢复水油平衡状态，还有平滑皮肤、改善毛孔粗大等功效。

当然啦，酸类产品的浓度可不是越高越好，浓度和频率都要根据肤况来调整，最好在专业人士指导下使用。

抗老保湿

可以选择含有胶原蛋白、肽类等抗皱紧致成分的面霜或精华液。胶原蛋白可以填充皮肤，让皮肤变得紧致；肽类可以帮助皮肤抗皱，增强皮肤的弹性。

根据早晚需求不同，白天用轻薄面霜，保湿易吸收，锁水不黏腻；晚上用厚重面霜，修护皮肤。按照皮肤在不同时段的养护需求使用不同的护肤品，才能保证皮肤24小时都状态在线哦！

眼周护理

眼周皮肤是整个脸部最薄弱的部分。它几乎没有皮脂腺，很容易干燥缺水，出现细纹。

因此护理眼周时，一定要使用滋润度高、质地轻盈的眼霜！最好选用含有透明质酸、雨生红球藻提取物、肽类等成分的眼霜，精准攻克细纹问题。

· 透明质酸可以为眼周皮肤补充水分，缓解干燥。

· 雨生红球藻提取物具有抗氧化作用，能延缓眼周皮肤的衰老。

· 肽类可以促进胶原蛋白的生成，减少细纹。

分区护肤能够根据不同区域的皮肤问题精准选择解决方案，让皮肤达到最佳状态。

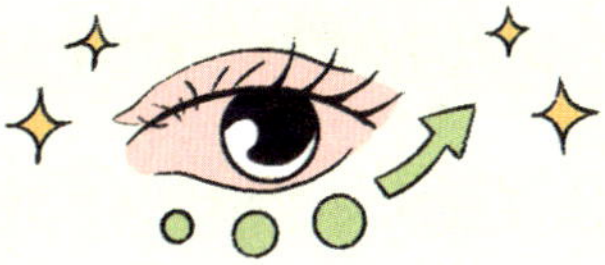

03 黑点蜡油苹果型 ORPT（油型 + 耐受型 + 色素型 + 紧致型）

这类皮肤虽然紧致，但在长痘痘后，容易出现色素沉着，导致肤色不均匀，就像长了斑点的蜡油苹果，外表虽紧致光滑，但有明显的色斑点缀在表皮上。一晒太阳或发生炎症，这些色素印记就会变得非常明显。

问题拆解

皮肤易出油
容易长斑，肤色不均
不时产生炎症痘痘

养肤路径

温和清洁

温和洁面，注意防止过度清洁刺激皮脂腺。

防晒护肤

色素沉着的最大“元凶”是紫外线，因此防晒是头等大事！选择质地轻盈的防晒霜，给皮肤提供防护。

修护皮肤：内外兼修，精准发力

容易长斑的皮肤说明其本身是有一些问题的。一般而言，这类皮肤代谢能力弱，容易囤积老废角质。所以，护肤要坚持分阶段进行。

前期阶段：调理代谢，平衡水油

选择含有甜菜碱、蓝铜多肽等修护成分的产品，修复皮肤，提升皮肤健康状态。当皮肤调整到健康状态，代谢能力提高了，斑点也会明显地淡化。

后期阶段：淡化斑点，提亮肤色

选用含烟酰胺等成分的护肤品，它能分解黑色素，提亮肤色，让肤色更匀净透亮。

前期

后期

炎症痘痘护理：一定要分区护理，对症下药

T 区（额头、鼻子、下巴）

对于油脂分泌旺盛的 T 区，可选用酸类产品促进角质层的新陈代谢，去除堵塞毛孔的角质，帮助皮肤恢复水油平衡的状态。

脸颊护理

对于脸颊两侧的炎症痘痘，则使用含有镇定、舒缓、消炎成分的产品。同时，一定要做好色素管理，避免痘痘引起的色素沉着在脸上“定居”哦。

04 色斑皱苹果型 ORPW（油型 + 耐受型 + 色素型 + 皱纹型）

这类皮肤油光锃亮，晒太阳后容易长黑斑、粉刺，且皱纹也会过早出现。

问题拆解

皮肤又油又亮，晒后容易形成黑斑
偶尔冒粉刺，容易滋生皱纹

养肤路径

清洁控油

温和洁面，避免过度清洁，陷入“越洗越油”的恶性循环。

防晒防斑

选用 防晒指数 SPF 50+ 的防晒霜，每 3~5 小时补涂一次，防止紫外线加重色素沉着和催生皱纹。

分区护理

对于这类皮肤，分区护理至关重要。不同区域的皮肤状态各异，问题也不尽相同，因此需要针对性的护理方案。

· T 区油脂分泌旺盛，是痘痘、粉刺的“高发区”。

酸类产品在 T 区发挥关键作用，它能有效促进角质层新陈代谢，去除堆积的角质，疏通毛孔，让皮肤恢复清爽的水油平衡状态，就像给皮肤的“排水管道”进行了一次彻底清理。

· 脸颊两侧相对干燥，油脂分泌少，其主要需求是保湿与屏障修护。

选择含有透明质酸和神经酰胺的护肤品，透明质酸如同吸水海绵，帮助皮肤吸收并锁住水分，而神经酰胺则像砖块，加固皮肤屏障，二者协同作用，增强皮肤的保湿能力，同时不给皮肤增加额外负担，维持皮肤的稳定状态。

· 眼周和额头是皱纹的“重灾区”，需要特别的呵护。

使用滋润度高且质地轻盈的眼霜和面霜。建议选择含胶原蛋白和肽类成分的产品，这些成分能够深入皮肤底层，刺激胶原蛋白的生成，增强皮肤的弹性，起到提拉紧致的效果，从而减少皱纹产生，让皮肤保持紧致光滑，尽显年轻活力。

小贴士

进行精准的分区护理，能够满足不同区域皮肤的特定需求，最大程度地发挥护肤品的功效，使皮肤的各个区域都能达到最佳状态，整体提升皮肤的健康与美观程度。

05 红丝蜡油苹果型 OSNT（油型 + 敏感型 + 非色素型 + 紧致型）

如果你的皮肤总是出油发亮，稍有不慎就过敏、发炎、冒痘，甚至泛着一丝丝恼人的红血丝，那你就是典型的红丝蜡油苹果型！

问题拆解

皮肤容易出油

易过敏、发炎，出现红血丝

容易长痘痘

养肤路径

温和清洁

温和洁面，避免过度清洁刺激皮肤。

分区护理

T 区护理

T 区油脂多，毛孔易堵塞致痘，宜用酸类产品温和去角质，疏通毛孔，平衡水油。

脸颊养护

脸颊敏感易泛红，应使用含苦参根、艾叶等植物提取物的产品，能抗菌消炎、消肿，稳定皮肤状态，缓解痘痘。

修护屏障

皮肤敏感多因皮肤屏障受损，角质层薄导致皮肤不耐受，遇刺激易发炎、泛红、显现红血丝，所以修护分两个阶段进行。

阶段 1：排毒消炎

选用含甘草根、马齿苋等中草药提取物的护肤品，以提升皮肤代谢，深层排毒消炎，缓解泛红发热，增强皮肤抵抗力，为后续屏障重建打好基础。

阶段 2：屏障重建

待炎症稳定、毒素排出后，选用含血清白蛋白、纤连蛋白等成分的护肤品，增厚角质层，修复重建受损屏障，提升皮肤耐受力，淡化红血丝，从根本上攻克皮肤敏感难题。

小贴士

红丝蜡油苹果型皮肤最重要的是避免过度护理！过度清洁、频繁去角质或使用不适合的护肤品，只会让问题更加严重。保持耐心，遵循温和、循序渐进的护理原则，坚持下去，你的皮肤一定能重获健康和光彩！

06 干裂蜡油苹果型 OSNW（油型 + 敏感型 + 非色素型 + 皱纹型）

如果你的皮肤既爱出油，又常常发红脱屑，鼻子周围的红斑尤为明显，还时不时冒粉刺，更糟糕的是，眉间和眼周还滋生了眉间纹和鱼尾纹，那你很可能就是干裂蜡油苹果型了！

问题拆解

面部发红，脱屑，鼻周尤为明显

容易长粉刺

眉间纹、鱼尾纹等皱纹早早出现

养肤路径

温和清洁

温和洁面，注意使用频率，保护皮肤屏障。

分区护理

这种类型的皮肤需根据自身状况分区护理。

T 区调理

T 区油脂分泌旺盛，老化角质多，易生粉刺，应选用酸类产品轻涂，促进角质代谢、毛孔清洁，恢复水油平衡，改善粉刺状况。

脸颊养护

脸颊部位油脂少，角质层薄，易过敏发红，应选用含血清白蛋白等成分的产品，以增厚角质层，强化皮肤屏障，逐步淡化红斑，实现精准护肤。

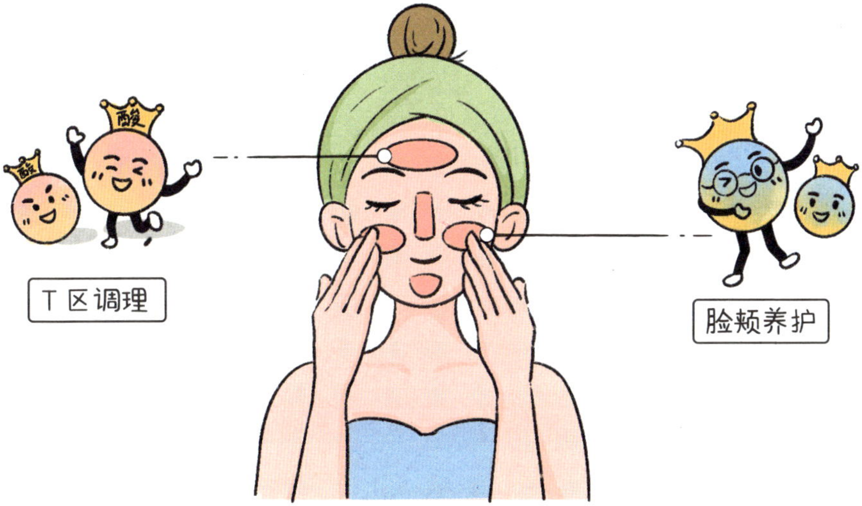

眼周与额头重回紧致

眼周与额头部位的皮肤易干燥生细纹，应使用滋润且质地轻盈的眼霜、面霜，可选有补水、抗氧化、促胶原蛋白生成功效的产品分区护理，使皮肤达到最佳状态。

这一区域的皮肤护理虽难，但通过分区精细化管理，坚持科学护肤，保持耐心，就能逐步解决问题，让皮肤重现健康光泽。

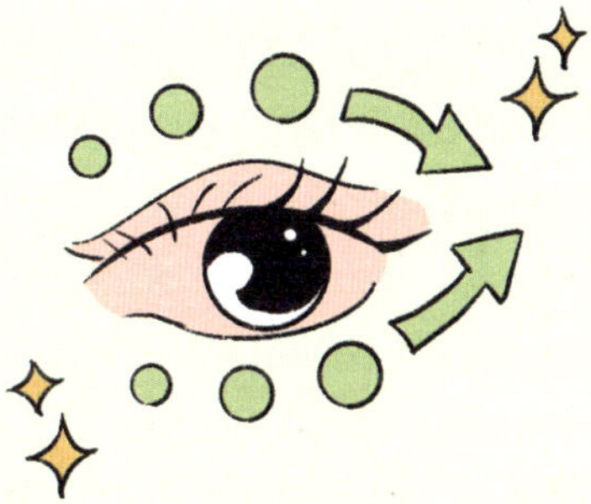

07 红印蜡油苹果型 OSPT（油型 + 敏感型 + 色素型 + 紧致型）

红印蜡油苹果型皮肤看似油亮紧致，实则敏感脆弱，若受伤易留深色印记，痘痘、皮疹频发，日光照射极易引发斑点，护肤品使用不当还会导致皮肤发红肿痛。

问题拆解

容易长痘痘、皮疹
暴晒后容易出现斑点
皮肤敏感，不耐受

养肤路径

温柔洁面

温和洁面，减轻皮肤负担。

防晒到位

使用清爽防晒霜，配合物理防晒手段，以防止紫外线引发的色素沉着。

分区护理

对于易长痘痘、皮疹且敏感的皮肤，分区护理是关键。

T 区护理

T 区油脂分泌旺盛，需使用轻酸类产品代谢老废角质，疏通毛孔并平衡水油；若有炎症，使用含积雪草等提取物的产品可消炎排毒，改善皮肤问题。

脸颊养护

脸颊油脂少，皮肤屏障脆弱易受刺激，应选用含 β－葡聚糖等成分的产品，增厚角质层，缓解过敏反应，提升皮肤耐受力与免疫力。

关注色素沉着

皮肤上的斑点源于皮肤受损后代谢减弱，黑色素累积致肤色不均，解决此问题需分两个阶段。

阶段 1：调节肌耐力与代谢力

通过分区护理，平衡皮肤状态，强化屏障与代谢能力。随着皮肤代谢和耐受力提升，肤色会自然提亮，为淡斑奠定基础。

阶段 2：瓦解斑点

待皮肤状态稳定后，使用含烟酰胺、熊果苷成分的美白产品。它们作用于黑色素，从根源上淡化斑点，提亮肤色，使皮肤重回匀净亮白，绽放光彩。

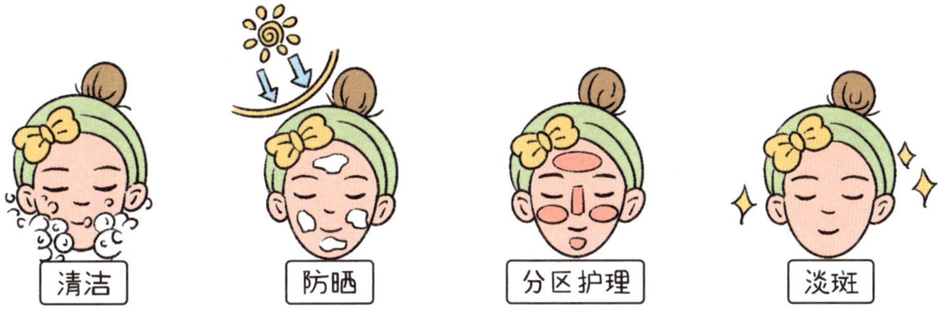

08 斑纹蜡油苹果型 OSPW（油型 + 敏感型 + 色素型 + 皱纹型）

这类皮肤既油又敏感，易长痘痘、留痘印，日晒后易长斑点，三十岁左右就会出现皱纹。

问题拆解

容易发炎，长红血丝
容易晒伤，出现色斑
经常出现痘痘
皮肤易衰老，过早出现皱纹

养肤路径

温和清洁

温和适度洁面，去油但不损伤皮肤屏障。

防晒优先

使用物理防晒产品，减少紫外线对皮肤的伤害，防止斑点来袭。

分区护理

对于易长痘痘且敏感的皮肤，分区护理很关键。

T 区护理

T 区油脂分泌旺盛，应选用轻酸类产品促进角质代谢，去除堵塞角质，恢复水油平衡；有炎症时，使用含卡瓦胡椒、甘草根等提取物的产品消炎排毒，改善痘痘与泛红。

脸颊修护

脸颊油脂少，皮肤屏障脆弱，易出现红血丝，推荐使用含 β－葡聚糖、纤连蛋白等成分的产品，增厚角质层，修护屏障，舒缓泛红，提升耐受力，通过精准护理帮助皮肤恢复健康状态。

提前抗老

这类皮肤容易出现皱纹问题，三十岁左右皱纹就开始冒头，尤其在眼角、鼻翼两侧和额头等部位。建议使用含肽类、胶原蛋白等成分的精华液帮助皮肤抗氧化、抗皱，同时提升紧致度。

记住，在使用抗皱产品时，可以配合适当的按摩手法，促进产品的吸收和皮肤的血液循环。

小贴士

Q：为什么我的皮肤总是问题叠加？

A：斑纹蜡油苹果型皮肤的问题多源自皮肤屏障受损。皮肤屏障一旦变薄弱，外界刺激和内部问题（如炎症、色素沉着、皱纹等）就会同时出现。所以通过分区护理，逐步修复皮肤屏障，皮肤问题会得到显著改善！

09 砂糖苹果型 DRNT（干型 + 耐受型 + 非色素型 + 紧致型）

顾名思义，这类皮肤干燥却紧致，像一种表面略微粗糙却紧实的苹果。皮肤虽然耐受力强，但总是缺少点滋润感，它虽然没有色素沉着的问题，也不容易受外界刺激影响，但干燥是它的大敌。

问题拆解

皮肤“干”且“粗”

易失去光泽

养肤路径

干燥粗糙因角质堆积，需“以油养肤”

前期使用含透明质酸、神经酰胺等成分的水油结合护肤品，补水的同时软化角质，为营养吸收打基础。中后期换高浓度护肤油，平衡水油，改善粗糙。

面霜是护理的“灵魂”

选用质地浓稠的高滋润面霜，才能达到“封层”的效果。从下巴向上提拉至颧骨边涂抹边按摩，促循环助吸收，让面霜成为皮肤的“保湿外衣”，锁水锁养分。

小贴士

除了涂抹护肤品，家里的空气湿度也很重要。可以考虑添置一台加湿器，特别是在冬季供暖时，它能有效减少皮肤失水。

多喝水、多吃富含 Omega-3 脂肪酸的坚果或鱼类，有助于提升皮肤的天然滋润能力哦。

10 干皱苹果型 DRNW（干型 + 耐受型 + 非色素型 + 皱纹型）

这类皮肤虽然外表坚韧，但随着时间的流逝，皮肤会逐渐出现细纹，尤其在眼周和嘴角，这些小细纹就像苹果风干后的纹理一般清晰可见。

问题拆解

皮肤干燥

容易长皱纹

养肤路径

深度补水 + 锁水：对于干燥皮肤，需高补水高保湿的水油混合护理

选用含透明质酸、神经酰胺的保湿水与精华液，透明质酸强力补水，为深层皮肤解渴；神经酰胺加固皮肤屏障并锁水。同时以角鲨烷等油脂成分滋养，它们兼具抗氧化、抗皱的功效，助力皮肤达到水油平衡。前期水油并用，待皮肤状态好转，提升油脂比例，稳固皮肤水润状态，让干燥不再，重现光彩。

精华升级：当皱纹很快出现时，抗皱精华液就成了每日必备神器

选用含有胶原蛋白、肽类等成分的护肤品，为皮肤注入弹性因子，提升紧致度，减少皱纹。

面霜，护肤最后的“锁”：面霜是干性皮肤保湿的关键步骤

选用质地浓稠、滋润度高的面霜。例如，含有丰富的精氨酸、透明质酸、雨生红球藻提取物的产品，这些成分可以在皮肤表面形成一层保护膜，防止水分蒸发，长效锁水保湿，并能起到抗氧化、抗皱的作用。

11 干印苹果型 DRPT（干型 + 耐受型 + 色素型 + 紧致型）

这种类型的皮肤虽然外表干燥但依然紧致。长期日晒后，色斑容易显现。这类皮肤虽然不容易受外界刺激，但如果缺乏护理，脸上的小斑点会越来越明显哦。

问题拆解

皮肤干燥

容易色素沉着（黑眼圈）

养肤路径

调整皮肤健康度，分阶段解决色斑问题

阶段 1：修护 + 代谢

前期以修护皮肤屏障、提升代谢能力为主。

推荐成分

- 甜菜碱：缓解皮肤干燥，帮助修护。
- 蓝铜多肽：促进皮肤新陈代谢，增强自我修复能力。

当皮肤代谢功能恢复健康后，色素沉着的问题自然会有所缓解。

阶段 2：淡斑 + 提亮

后期主要针对黑色素瓦解，提亮肤色。

推荐成分

- 烟酰胺：提亮、均匀肤色。
- 4-丁基间苯二酚：瓦解黑色素，改善斑点问题。
- 牛油果树果脂提取物：强效滋润锁水，抗氧化，抗衰老。

12 干斑纹苹果型 DRPW（干型 + 耐受型 + 色素型 + 皱纹型）

这类皮肤容易干燥，虽然它对刺激性护肤品较为耐受，但经受不住紫外线和岁月的侵蚀，极易生出色斑和细纹，就像一个表皮干燥、布满斑点和褶皱的苹果。

问题拆解

皮肤干燥、脱皮
容易长色斑
容易出现皱纹

养肤路径

深度补水

选用含透明质酸、神经酰胺、角鲨烷、乳酸杆菌、烟酰胺、熊果苷等成分的水油结合产品，全面滋润皮肤，缓解干燥脱皮，瓦解黑色素，提亮肤色，调整水油平衡。

对抗色斑，循序渐进

前期以修护皮肤屏障、提升代谢能力、调整皮肤水油平衡为主。

推荐成分

·甜菜碱、蓝铜多肽：修护皮肤屏障，提升代谢能力，从根本上解决斑点问题。

后期以提亮肤色、淡化黑色素为主。

推荐成分

·烟酰胺、熊果苷：瓦解黑色素，让肤色更均匀透亮。

提前抗皱

这类皮肤容易产生皱纹，尤其在眼角、额头和鼻翼两侧。抗皱策略需要先从滋润开始，再强化紧致。

13 脆皮红苹果型 DSNT（干型 + 敏感型 + 非色素型 + 紧致型）

这类皮肤就像一个表皮娇嫩的红苹果：干燥，敏感，经常泛红，偶尔还冒出几个小粉刺。皮肤虽然紧致，但角质层薄，屏障功能也需要加强。

问题拆解

容易干燥

皮肤敏感，易泛红

偶尔出现粉刺

养肤路径

补水、修护双管齐下

选用含透明质酸、神经酰胺、角鲨烷、牛油果树果脂提取物和白兰花油等成分的水油混合产品，增强屏障功能，调整水油平衡，缓解干燥、敏感。

舒缓敏感，修复屏障

敏感泛红的核心问题在于皮肤屏障受损，角质层过薄，皮肤不耐受，尤其是到换季的时候，化妆品中化学成分的刺激、外界细菌的入侵，甚至情绪波动，都会引起皮肤发炎、泛红、发热等。

因此，需要分阶段逐步进行修护。

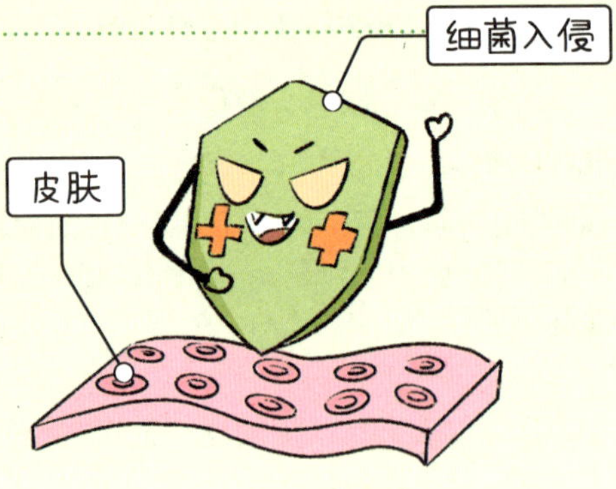

阶段 1：代谢排毒，舒缓镇静

使用含甘草根、马齿苋、蒲公英或苦参根等中草药提取物的产品，能够帮助皮肤缓解炎症、褪红消热，并排除皮肤深层的毒素，舒缓皮肤不适的症状。

阶段 2：增厚角质层，修护屏障

帮助皮肤增厚角质层，修护受损的皮肤屏障。

使用含血清白蛋白、纤连蛋白、寡肽类或贻贝蛋白提取物的产品，能有效帮助皮肤修复屏障，进一步褪红消热，长期使用可淡化红血丝，让皮肤对外界刺激更耐受。

粉刺护理

这类皮肤本不易长粉刺，但在使用高油脂护肤品时，偶尔也会因为毛孔堵塞发生“突发状况”。

此时的解决方案是：

· 局部点涂含轻酸类成分（如水杨酸）的产品，帮助清理毛孔油脂。

· 在粉刺缓解后，继续保持水油平衡护理，避免反复。

14 干枯苹果型 DSNW（干型 + 敏感型 + 非色素型 + 皱纹型）

干枯苹果型皮肤干燥、敏感，同时也容易出现细纹。随着岁月的流逝，这类皮肤变得越发脆弱，就像一个老化干枯的苹果。

问题拆解

皮肤干燥、紧绷
易泛红，常见红血丝
皱纹早现，松弛加速

养肤路径

深度补水 + 锁水

选用含透明质酸、神经酰胺、角鲨烷、牛油果树果脂提取物、白兰花油等成分的水油混合产品，深层补水，强化皮肤屏障，改善干燥紧绷。待紧绷情况改善后，逐步增加油脂浓度，用高浓度油脂类产品养肤，把皮肤调整到水油平衡的状态。

抗红血丝，温和修护敏感屏障

泛红、有红血丝、有刺痛感是皮肤屏障受损的信号，角质层薄是导致皮肤敏感的根源。使用含血清白蛋白、纤连蛋白、寡肽类、贻贝蛋白提取物等成分的产品温和修护皮肤屏障，增厚角质层，褪红镇定，减少红血丝，提升皮肤稳定性。

提早抗皱，锁住年轻紧致

这类皮肤的特点是非常容易松垮和出现皱纹。需要使用含肽类、胶原蛋白、视黄醇、维生素 C 等成分的产品，帮助皮肤抗氧化、抗皱，提升紧致度。

15 干红斑苹果型 DSPT（干型 + 敏感型 + 色素型 + 紧致型）

这类皮肤像一个表皮干裂又带着红斑的苹果，外表紧绷的同时敏感脆弱，稍受刺激就泛红发痒。它不仅干燥，还容易被湿疹和异位性皮炎“盯上”，伤口愈合后常伴随色素沉着、黑眼圈和肤色暗沉。

这类皮肤需要全方位的呵护：先补水，排毒抗炎，再慢慢淡化色斑，才能找回那份自然紧致与透亮。

问题拆解

湿疹，异位性皮炎
皮肤干燥、紧绷、瘙痒
容易出现黑眼圈
皮肤受损处易出现沉着性瘢痕

养肤路径

舒缓干燥与瘙痒，修护屏障

使用含透明质酸、神经酰胺、角鲨烷、积雪草、白兰花油等成分的水油混合产品，深层补水，强化皮肤屏障，消炎抗菌，舒缓瘙痒。

待皮肤干燥状况改善后，逐步引入高浓度油脂类产品（如含牛油果树果脂提取物的护肤油），进一步锁水并平衡水油。同时，在医生指导下使用专用药物护理湿疹与皮炎，减少刺激性护肤品的使用，避免用高温水洗脸，做好日常防晒，防止色素沉着加重。

针对湿疹、异位性皮炎的分阶段修护

湿疹和异位性皮炎多与皮肤屏障受损、炎症感染有关，需要分阶段修护。

阶段 1：深层排毒、抗炎

使用含甘草根、蒲公英、白鲜根皮等植物提取物的产品，帮助皮肤清热泻火，抗菌消炎，排毒止痒，舒缓因炎症导致的不适感；同时提升皮肤底层的健康状态，减轻炎症反复发作的频率，皮肤状态越稳定，就越不容易反复出现症状。

阶段 2：增厚角质层，修护屏障

使用含血清白蛋白、纤连蛋白、寡肽、神经酰胺、贻贝蛋白提取物等成分的修护型产品，强化皮肤屏障，淡化红血丝，恢复皮肤稳定状态；通过长期养护逐步增厚角质层，从根源上解决皮肤问题。

改善色素沉着，提亮肤色

当皮肤屏障受损时，代谢能力就弱，皮肤里面的黑色素将无法正常代谢，日积月累就会形成色素沉着，甚至是斑点。这些问题也需要分阶段处理。

阶段 1：代谢排毒

在排毒与修护阶段完成后，皮肤的代谢力和耐受力得到提升，有助于缓解色素沉着问题，为后续的针对性护肤打下基础。

阶段 2：分解黑色素

使用含烟酰胺、熊果苷等成分的产品，淡化黑眼圈，提亮色素沉着部位，温和分解黑色素，预防色斑加深。

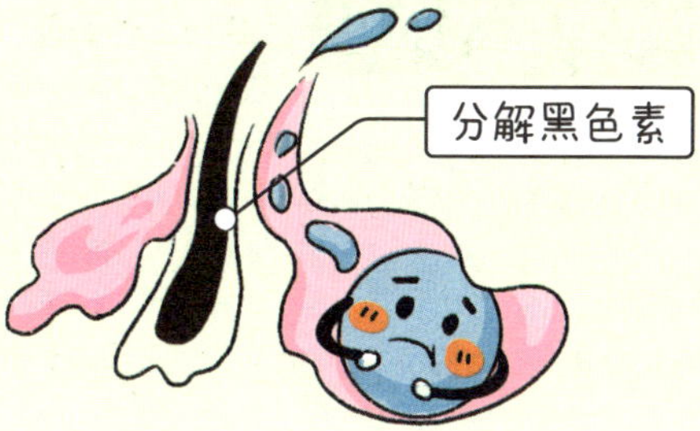

温馨提示

关于湿疹与皮炎的护理，建议在医生指导下使用专用药物，与护肤品搭配使用效果更佳。

亲爱的，别担心，通过科学的分阶段养护，这种敏感、干燥且伴有色素沉着的皮肤状态能够逐步恢复健康与紧致哦。

16 斑裂红苹果型 DSPW（干型 + 敏感型 + 色素型 + 皱纹型）

这类皮肤就像一个风吹日晒的斑裂红苹果，表皮干燥、开裂，不时显露出不健康的潮红。

问题拆解

皮肤干燥、脱皮、瘙痒
面部潮红，有红血丝和鳞屑状粉红色斑片
容易受痘痘、黑眼圈和细纹的困扰

养肤路径

针对干燥、脱皮与瘙痒：多效滋润修护

选择水油混合型产品，核心成分包括透明质酸（深层补水）、神经酰胺（构建皮肤屏障）、角鲨烷（强化皮肤屏障、软化角质）、乳酸杆菌（加强角质代谢）、白池花籽油和白花春黄菊花油（抗炎止痒）。

小贴士

针对不同的皮肤症状，需要在专业人士的指导下选择不同的护肤成分，有针对性地解决皮肤问题。

针对潮红、红血丝和红斑：分阶段修护屏障

皮肤容易潮红、产生红血丝和红斑的根源主要还是皮肤屏障受损。角质层薄，皮肤就会变得不耐受，稍微受到外界环境的刺激，例如换季、化妆品中的化学成分、外界细菌，甚至情绪波动等，就会引起皮肤的这些症状。针对这些皮肤症状主要分两个阶段护理。

阶段 1：消炎排毒，提升皮肤代谢力

使用含甘草根、马齿苋、蒲公英、苦参提取物的产品，清热抗炎，排出深层毒素，解决炎症问题，同时舒缓皮肤泛红与瘙痒症状，让皮肤状态逐渐回归稳定。

阶段 2：修复屏障，增厚角质层

选择含血清白蛋白、纤连蛋白、寡肽类、贻贝蛋白提取物的产品，增厚角质层，帮助皮肤恢复弹性，褪红退热，从根源上提升皮肤的耐受力，解决皮肤问题。

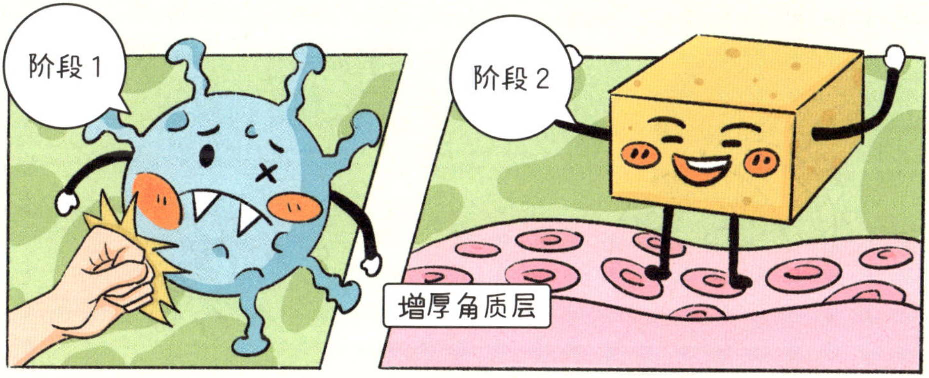

针对痘痘问题：控油平衡、减少堵塞

痘痘通常是由护肤品油脂堵塞毛孔进而影响皮脂分泌所导致的，因此建议使用纯度更高的植物精油分区涂抹，帮助皮肤达到水油平衡状态，同时抗衰老，防止细纹过早出现。

针对皱纹与色素沉着：抗老、提亮双管齐下

针对这类皮肤易松垮、易出现皱纹和色素沉着等问题，建议如下。

全脸抗老与提亮

使用含肽类、胶原蛋白、视黄醇、维生素 C 的产品，帮助皮肤抗氧化、修复皱纹并紧致皮肤。

注意：含视黄醇的产品在使用时需避光，以免增加刺激。

重点护理眼部皮肤

眼部皮肤比较薄弱，更容易出现色素沉着和细纹，需要用质地轻薄的眼霜来重点护理。使用含石榴提取物、雨生红球藻提取物、精氨酸等成分的产品，能帮助淡化黑眼圈、抗氧化并减少细纹生成。

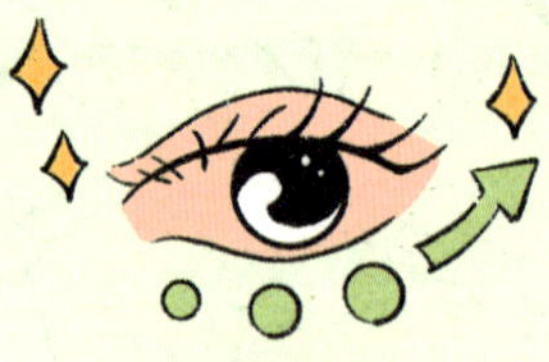

温馨提示

· 日常防护必不可少：选择物理防晒霜，避免使用含刺激成分的卸妆产品。

·饮食调节也重要：多摄入抗氧化食品，如蓝莓、核桃、三文鱼，帮助内调皮肤状态，让皮肤由内而外焕发健康光彩。

· 耐心是修复关键：这类皮肤问题较为复杂，修护屏障、改善皱纹都需要时间，日常养护与定期复诊相结合，才能有效缓解长期困扰。

第三章

是什么在影响我们的皮肤状态？

是什么在影响我们的皮肤状态？

亲爱的，在了解了 16 种类型皮肤的各种问题和护肤方案之后，你是否也想知道为什么我们的皮肤会呈现出千差万别的状态和问题呢？到底是什么在影响我们的皮肤状态？

你知道吗？生活中影响皮肤的因素可谓五花八门，比如肤质、地域、季节、年龄段、生活方式，甚至心理状态……每一个因素变化都会引发皮肤问题哦。

不过别担心，我深耕护肤领域多年，总结了一套应对多变因素的“以养代疗”养肤法——九维护肤法。这套方法从 9 个层面，即肤色、症状、层次、部位、时间、地域、需求、护肤阶段、生活方式和心理状态入手，全方位呵护我们的皮肤。

分肤色、分症状、分层次、分部位精准护肤

养肤是一场持久战，胜利的秘诀在于精准护肤。无效护肤容易，有效养肤也容易。对症养护，好皮肤自然而来，且养成的皮肤水盈盈，又亮又白又水嫩。

每个人的皮肤状态各不相同，因此我们的护肤方案也需要量身定制。下面将从肤色、症状、层次和部位四个方面，为你剖析如何根据皮肤的特点进行精准护肤，彻底打赢这场“皮肤保卫战”。

01 分肤色护肤

每个人的肤色和肤质都不相同，比如东西方人种的肤色和肤质就存在很大的区别。只有了解自己的皮肤特点，才能制订出更精准的护理方案。

白皮：敏感的“白雪公主”

一提起白皮，众人都羡慕不已。的确，白皙皮肤的好处是人显得年轻、皮肤透亮，但它也有自身的缺点——非常容易晒伤和老化。这种肤色的皮肤角质层较薄，紫外线会对皮肤造成更大的伤害。

所以，护理白皮我们要注重以下几点。

防晒

特别需要高倍防晒，不然皮肤一晒就会变红，甚至留下晒斑。外出时切记戴帽子、墨镜，减少紫外线直射。

抗老

由于白皮容易老化，因此可以提早使用含抗老成分，比如维生素 C 和视黄醇的护肤品以延缓岁月痕迹的到来。

黄皮：东方人的“心病”

黄皮，是东方人的独特标签，也可能是他们的“心病”。

其实黄皮的优点可不少。皮肤先天厚度适中，毛孔隐匿，不易早衰，比起白皮更抗老；但它的缺点也让人头疼，比如容易显得肤色不均、暗沉无光，还时常因为换季或熬夜而变得“蜡黄”。

别担心！只要养护得当，你的黄皮依旧可以从“暗淡黄”升级为“发光黄”，甚至还能成为人人羡慕的“透亮白”！

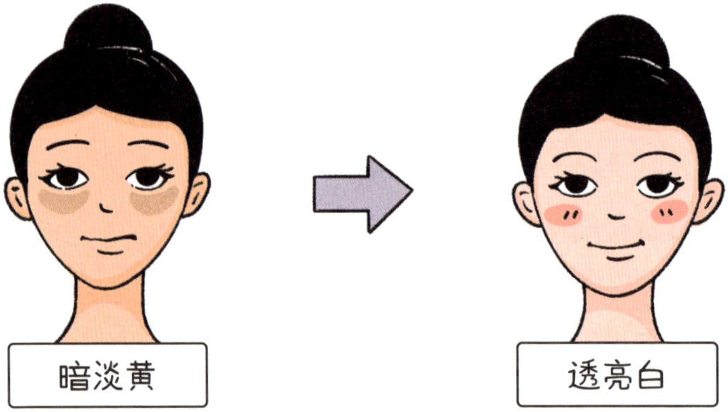

如果你想从黄皮转为“透亮白”，一定要注重以下护理重点。

去黄秘诀

使用含有烟酰胺、维生素 C、熊果苷成分的美白精华液，并辅以含辅酶 Q10、多酚类成分的抗氧化护肤品，能有效对抗自由基，延缓衰老。最后一定不要忘了定期去角质，赶走老废角质，告别“黄脸”。切记，敏感性皮肤去角质不能太频繁哦。

防晒是底线

不管天气如何，紫外线暴露都会加速色素沉着，让皮肤更加暗沉。选择防晒指数高的防晒霜，每 2~3 小时补涂一次。

夜晚是修护的黄金时间

夜晚是皮肤修复和更新的最佳时刻，用含修复成分（如维生素 E、胜肽或植物提取精华）的晚霜，帮助皮肤修复日间损伤，恢复亮泽状态。

饮食均衡，少吃“变黄食物”

减少食用高糖高脂食物，多吃富含维生素 C 和抗氧化剂的水果蔬菜，如橙子、蓝莓、菠菜等，有助于提亮肤色。

黄皮不是负担，而是一种独特的美，养护好照样能够白里透光，温柔如玉！

偏深肤色：健康的“巧克力光泽”

东方人大多偏爱白皙皮肤，而西方人则钟爱有“巧克力光泽”的肤色，他们认为这类皮肤是健康而美丽的。一般来说，偏深肤色的皮肤耐受力较强，不易晒伤，但容易晒黑。此外，这种肤色的皮肤虽然不易老化，但一旦出现色斑，淡化起来会更费时间。

所以针对偏深肤色的皮肤，我们有以下护理重点。

均匀肤色

使用含美白成分如烟酰胺的护肤品帮助提亮肤色，减少色素沉着。保湿产品也必不可少，可让皮肤呈现健康光泽。

温和去角质

偏深肤色的皮肤表皮层较厚，可以适当去角质，但不要过度，以免损伤皮肤屏障。

亲爱的，你属于哪种肤色？

无论“白雪公主”还是“巧克力女神”，每种肤色都有独特的魅力。护肤的关键在于了解皮肤类型，对症养护，养出水光肌，尽情展现属于自己的独特光彩！

02 分症状护肤

皮肤问题总是来得悄无声息，让人措手不及。痘痘、干燥、敏感、色斑……这些症状就像皮肤发出的“求救信号”，提醒我们是时候拿出护肤“武器”来应战了。

下面,我们将逐一探讨这些常见的皮肤问题,并给出战胜它们的“独门秘籍”。

痘痘肌的烦恼：战“痘”攻略分析

痘痘肌的小伙伴们总有说不完的辛酸故事。痘痘不仅影响外观，还常常给人带来心理压力。这些痘痘究竟为何如此顽固呢？

这就不得不说到痘痘的起源了，痘痘的产生主要归因于毛孔堵塞、皮脂分泌过多、细菌滋生和炎症反应。青春期的激素波动、压力大、不好的饮食习惯，甚至不正确的护肤方法，都会成为生成痘痘的“幕后黑手”。

所以，如果你属于痘痘肌，可以试试以下护理方式。

温和清洁

切忌过度清洁！每天使用温和的洁面乳，帮助清除多余油脂，但不要让皮肤变得干燥紧绷。避免使用带有颗粒的磨砂膏，它只会让痘痘更严重。

抗痘精华

使用含有水杨酸、茶树油或过氧化苯甲酰的精华液，能有效杀菌、消炎，帮助清理毛孔。不过要注意使用适合自己肤质的浓度，避免对皮肤造成刺激。

定期去角质

每周使用1~2次温和的化学去角质产品，去除老废角质，防止毛孔堵塞。注意，千万别在痘痘发炎时去角质！去角质是个技术活！频次、程度和阶段都极其重要，千万不要过度！

饮食管理

抗痘不仅仅是护肤问题，它与饮食习惯也有很大关系。少吃高糖高脂食物，全脂类的乳制品也会促发痘痘，所以一定要避免。尽量多吃富含维生素的水果蔬菜，它们对皮肤健康大有裨益。

痘痘暗语大解析

你知道吗？痘痘长在不同部位可能代表不同问题哦。

额头痘可能与睡眠不足有关，而下巴痘则与内分泌失调有关系。

鼻子上的痘痘可能与饮食习惯有关，尤其是当食用过多油腻、辛辣食物，或者心脏和血液循环出现问题时，更容易在鼻子上冒痘；眉间痘通常暗示肝脏可能有点超负荷运转了；脸颊痘常常因不良的外界环境和生活习惯而产生，比如长时间面对手机屏幕，枕套不常清洗，空气污染……

快来检查一下你的痘痘位置，看看它们在传达什么暗号！

“干皮星人”的生存法则

干性皮肤的朋友们总是觉得皮肤紧绷、脱皮，尤其是在寒冷干燥的季节，整个脸好像一片沙漠。

其实，干性皮肤的问题不只是缺水，更是缺乏油脂的保护。由于干性皮肤的皮脂腺分泌不足，无法提供足够的天然保湿因子，导致皮肤屏障功能薄弱，水分易流失，皮肤因此变得干燥、敏感。

如果你是“干皮星人”，请查收这份生存法则。

滋润洁面

选择不含皂基的保湿型洁面乳，用后不会让皮肤感觉干燥紧绷。温水洁面更能保护皮肤屏障。

多层保湿

保湿要分步骤进行。先用补水精华液为皮肤注入水分，然后涂抹含有神经酰胺的面霜锁水，使皮肤保持长时间滋润。

面膜“加餐”

每周使用保湿面膜 2~3 次，为皮肤“加餐”，可以改善干燥起皮的状态。晚上睡前可以涂厚厚的一层修护面霜，当作睡眠面膜。

防晒保护

即使干皮也需要防晒，使用滋润型防晒霜，保护皮肤免受紫外线的伤害，避免干纹加重。

亲爱的，你的皮肤够滋润吗？

轻轻按压脸颊，如果感觉皮肤没有弹性或出现细小干纹，那说明你的皮肤很“渴”哦。快给皮肤喝饱水，让它重新焕发光彩吧！

如何安抚“可怜”的敏感肌

敏感肌的人在选择护肤品时都很“卑微”，他们只敢买基础的补水护肤品，甚至只求“用了不过敏就好”，因为稍有不慎，他们的皮肤就会泛红、发烫、刺痛，甚至起皮疹。敏感肌的朋友一直都在寻找让皮肤“安心”的护理方法，那么敏感肌该如何呵护呢？

敏感肌的屏障功能薄弱，对外界环境变化非常敏感。刺激性成分、空气污染、温度变化，甚至护肤品中的香精和酒精，都会让敏感肌“崩溃”。

所以安抚敏感肌，一定要注重以下几点。

温和洁面

选择无香料、无酒精的氨基酸洁面乳，清洁皮肤时要轻轻打圈，切忌用力搓揉，减少对皮肤的刺激。

修复屏障

使用含有神经酰胺、燕麦提取物或积雪草成分的保湿霜，这些成分是敏感肌的救星，它们能帮助修复受损皮肤屏障，增强皮肤抵抗力。

舒缓精华液或者“急救水”

当皮肤泛红或刺痛时，使用含有洋甘菊、芦荟、甘草根提取物成分的舒缓精华液，或者能迅速舒缓的“急救水”，都可以帮助缓解皮肤的不适感。“急救水”冰镇后使用，见效更快。

物理防晒

物理防晒剂比化学防晒剂更温和，不会给皮肤造成负担。选择含有氧化锌和二氧化钛的物理防晒剂，给皮肤安全保护。

皮肤屏障测试

用湿棉片按在脸颊上 10 秒钟后松开，观察皮肤有没有立即泛红。如果有，那你的皮肤屏障可能很脆弱哦！切记加强修复，给皮肤穿上一层“保护衣”。

混合性皮肤的平衡术：T 区和 U 区的无休止斗争

混合性皮肤就像一个“双面间谍”：T 区油得发光，而 U 区却干燥紧绷，真是让人心力交瘁。如何平衡这两个“极端地带”？平衡术才是王道！

混合性皮肤的皮脂腺分布不均，导致 T 区油脂分泌旺盛，而 U 区则缺乏水分保护。这种皮肤类型在季节变化时特别容易失控。

所以，如果你不知道如何护理你的“混合皮”，快来查收这份平衡术指南！

分区护理

T 区使用控油型爽肤水，减少油脂分泌；U 区使用保湿型精华液，提供足够的滋润。选择质地轻盈的乳液，满足全脸的需求。

菌群平衡

使用轻酸类产品，软化皮肤表面的老废角质，帮助皮肤提高新陈代谢能力。注意！使用处于临界值的轻酸成分，更有利于强韧皮肤哦。

局部控油

在 T 区可以使用含有水杨酸的控油产品，减少油光和黑头。U 区则使用滋润型面霜补充水分。

补水面膜与控油面膜轮换

每周交替使用补水面膜和控油面膜，帮助皮肤保持水油平衡。

针对不同的皮肤症状，我们有不同的护理方式。但在现实生活中，皮肤症状往往非常复杂，痘痘、红血丝、出油、色斑、干燥等症状会交替或同时出现。

如果你的皮肤情况更复杂，别担心，前面我们已经详细列举了 16 种类型的皮肤问题及其解决方案，你不妨翻翻看，一定能找到属于你的解决方案哦！

03 分层次和部位护肤

在本书第一章，我们讲了皮肤的“三道防线”——表皮层、真皮层和皮下组织。你知道吗？皮肤的不同层次与部位也有着不同的护肤需求与护理要点。

下面我们就来逐一拆解。

表皮层、真皮层和皮下组织：护肤重点大不同

先来看看我们的皮肤系统。它并不是一层简单的“外套”，而是一座由表皮层、真皮层和皮下组织构建的坚固堡垒，各层各有分工，互相配合，保护着我们的身体。

表皮层是皮肤的最外层，像一道坚固的城墙，挡住了外界的各种威胁。

应该如何护理表皮层呢？

去角质

适度去角质可以帮助清除老废角质，但别过度，否则会破坏皮肤屏障。记住！表皮层需要的是温和的护理，不要频繁。

保湿与屏障修复

使用含有神经酰胺、透明质酸、肽类和胆固醇的产品能修复表皮层，让皮肤变得强韧。此外，以油养肤也是一个很不错的思路哦，但需要注意油的浓度、使用频率以及油和其他护肤品交替使用的时间。

真皮层是皮肤的中间部分，它像一张精密的弹力网，由胶原蛋白和弹性纤维组成，负责保持皮肤的弹性和光泽。

真皮层护理要点分两部分。

促进胶原蛋白生成

使用含胜肽和维生素C成分的精华液，帮助皮肤恢复弹性。同时，可以尝试视黄醇类产品，延缓皮肤老化。

深层滋养

每周用一次含矿物质的面膜，促进皮肤吸收养分，让真皮层充满活力。

皮下组织是皮肤最深的一层，主要由脂肪细胞构成；它像一层温暖的“软垫”，帮助保温和保护身体内部器官，减少外界刺激对它们的冲击。

养护皮下组织最有效的办法就是保持健康的生活方式，包括均衡饮食、适量运动以及正确护肤，防止皮肤松弛和早衰。

不同部位的护肤“小心思”

皮肤不仅有层次之分，还会因部位的不同表现出不同的状态和需求。除了面部皮肤要分部位差别对待，也别忘记身体其他部位的护理哦！

T 区与 U 区：油脂分泌的差异

T 区

油脂分泌旺盛，是名副其实的“大油田”。毛孔粗大、黑头、粉刺问题集中在这里。到了夏天，这里更是“油光闪闪”。

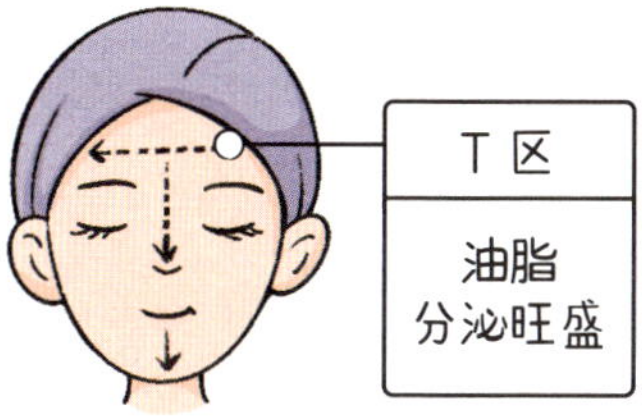

U 区

这个部位的皮肤相对干燥，在冬季会变得尤其敏感，出现脱皮和泛红现象。

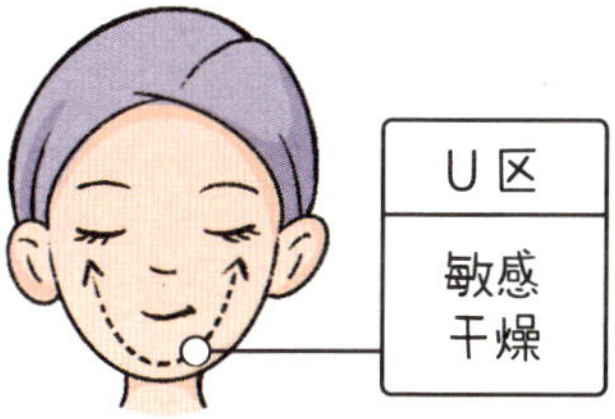

护肤建议

针对 T 区，选择控油型的洁面乳和保湿产品，同时避免过度清洁，以免皮肤报复性地分泌更多油脂；U 区则需要更多的滋润，可以使用补水保湿精华液和滋润型面霜锁水。

眼周：呵护最脆弱的区域

眼周皮肤只有面部其他部位皮肤厚度的 1/5，且非常娇嫩，缺少皮脂腺保护，容易干燥，极易出现细纹和黑眼圈。

护肤建议

每天早晚使用轻盈的眼霜，用无名指轻轻拍打至吸收，切忌用力拉扯。睡前可以用冷敷眼膜来舒缓眼周，减轻浮肿。

你有没有每天早晚都用眼霜的习惯？

如果还没有，今天就开始吧！选择一款适合自己的眼霜，每天使用，不久你的眼周皮肤就会有所改善哦。

颈部皮肤：经常被忽视的“年龄泄露者”

颈部皮肤细嫩又娇弱，皮脂腺少，容易干燥和形成颈纹。如果你只护脸不护颈，皮肤松弛和色素沉着会很快找上门。

护肤建议

涂抹面霜时别忘了顺带按摩颈部，使用专门的颈霜或滋润型乳液，从下往上轻轻地提拉按摩颈部，可以促进血液循环，防止颈纹加深。

通过这部分分肤色、分症状、分层次和分部位的详细护理指南，希望大家能更了解自己的皮肤，找到最适合自己的护肤方案。

记住，护肤是一个漫长但值得的旅程，愿你每天都能拥有健康美丽的皮肤！

时间、地域都会影响皮肤状态

01 分时间护肤

亲爱的，你是否能感受到，在不同的时间和季节我们的皮肤状态也会有所不同呢？

其实，我们的皮肤对时间和季节的变化非常敏感。晨光洒下时，它需要防护；夜幕降临时，它又进入了修复模式。而四季轮回，温度和湿度的变化也会影响皮肤的状态。

下面我们就来聊聊皮肤是如何随着时间和季节变化而改变的，我们又该如何为它提供最贴心的呵护。

\ 日夜护肤：晨间防护与夜间修复 /

早晨：为一天的挑战做好准备

早晨醒来，我们的皮肤从睡眠状态中苏醒，准备迎接外界的各种“轰炸”——紫外线、污染、灰尘等。所以，晨间护肤的关键在于清洁、防护和滋润。

清洁

一晚上的皮脂分泌和汗液残留让皮肤感觉有些黏腻。用温和的洁面产品清洗，唤醒皮肤，别让油腻占领脸庞。

抗氧化

这个步骤就像为皮肤提供“抗氧化能量包”。维生素 C、绿茶提取物或辅酶 Q10 成分能对抗自由基，延缓皮肤老化，让皮肤焕发健康光泽。每天早上给皮肤补充一剂“抗氧化能量包”，绝对是明智之举！

保湿

选择轻薄型的保湿乳液，既能给皮肤补充水分，又不会让脸摸起来油腻腻的。记住，夏天也不能忽视保湿，皮肤干燥会引发更多问题。

防晒

这是重中之重，无论晴天还是阴天，紫外线无处不在。使用防晒指数 SPF 30 或以上的防晒剂，把皮肤保护得严严实实的。要知道，防晒不仅是防止晒黑，更能预防光老化哦。

你的晨间护肤功课做对了吗？
你真的每天都记得涂防晒霜吗？
如果答案是否定的，那你可能需要贴个小便签提醒自己啦！

夜晚：修复和再生的黄金时段

晚上是皮肤修复和再生的最佳时间，所以我们夜间护肤的重点在于清洁、滋养和修护。

深层清洁

白天的防晒霜、化妆品和污垢覆盖在脸上，晚上需要用卸妆油或卸妆乳进行深层清洁，然后用洁面乳洗去残留物。记住敏感肌要用成分温和的卸妆和洁面产品哦。

修复精华

这是晚上护肤的“重头戏”。使用含视黄醇、胜肽或抗氧化成分的精华液，促进胶原蛋白生成，帮助皮肤修复。视黄醇类产品可以促进细胞更新，但需要逐步使用建立耐受，不要一上来就大量使用哦！

滋养晚霜

睡前厚厚地涂上一层滋润晚霜，就像给皮肤盖上柔软的被子一样舒服。选择含有神经酰胺、角鲨烷等成分的晚霜，锁住水分，在睡梦中修复受损的皮肤屏障。

护肤建议

晚上清洁面部后，可以用湿敷的方式打开皮肤通道。注意根据皮肤状况控制湿敷时间，不要太长哦。此外，以油养肤时，晚上使用的油可以比白天的浓度高一些。还可以做个简单的面部按摩，既能促进血液循环，让护肤品更好地吸收，又能舒缓紧张的面部肌肉，一举两得！

\ 四季的皮肤需求也不同 /

每个季节有每个季节的挑战，我们的皮肤会因气候变化而产生不同的需求。快看看，你的护肤方法跟得上季节变化的节奏吗？

春季护肤：舒缓与保湿

春天万物复苏，温度波动和空气中的花粉让皮肤变得敏感。这时候，皮肤特别容易发红、发痒，甚至冒出小疹子。

护肤重点

选用温和、不含酒精和香料的洁面乳，避免刺激皮肤。舒缓型的保湿霜、含积雪草和洋甘菊提取物的产品能帮助缓解皮肤敏感。出门时别忘了涂防晒霜，春天的紫外线不比夏天弱哦！

换季时，如果皮肤突然冒出红疹，不要用手去抠它，可以尝试使用冰镇“急救水”镇定，来缓解不适感。

夏季护肤：控油与清爽防晒

夏天，皮肤油脂分泌旺盛，一不小心就变成一副油光满面的样子，毛孔堵塞、黑头粉刺也随之而来。夏天紫外线照射强烈，防晒工作也是重头戏。

护肤重点

使用含水杨酸或果酸成分的洁面产品，温和去角质，保持毛孔清洁。记得选择清爽不黏腻的防晒霜。最好随身携带保湿喷雾，给皮肤降温。记住，出汗后要注意补涂防晒霜，不能让紫外线乘虚而入。

夏季，有多少人喜欢用吸油纸？

吸油虽然爽，但不能太频繁哦，否则皮肤会报复性地分泌更多油脂。因为肌底会认为“前方缺水缺油”，所以分泌更多的油脂来“支援前方”。

秋季护肤：修复与深层滋养

秋天一到，气温下降，空气湿度减少，皮肤容易干燥起皮。夏天被晒伤的皮肤在秋季也逐渐暴露出问题，色斑和肤色不均变得明显。

护肤重点

有深层滋润效果的保湿产品是秋季皮肤的救星，可以使用含有透明质酸和神经酰胺的面霜为皮肤补充水分，修复皮肤屏障。也可以适时使用美白精华液，淡化夏日留下的晒斑，恢复均匀的肤色。

冬季护肤：厚重滋养与屏障修护

冬天的冷空气让皮肤水分流失得更快，皮肤屏障脆弱，红血丝、干纹、脱皮这些问题一个接一个地冒出来，简直让人抓狂。

护肤重点

换上厚实的滋养型面霜，比如含乳木果油或植物油的产品，给皮肤足够的滋养和保护。使用加湿器增加室内空气湿度，也能有效缓解皮肤干燥。定期敷滋养型面膜，给皮肤做个深层滋润 SPA。

是不是很多人在冬天洗完澡后，感觉皮肤紧绷得要裂开？洗澡后涂上身体乳，锁住水分，皮肤会感激你的！

\ 换季时节，如何应对皮肤敏感 /

换季期间是皮肤易出问题的高危时段。温度和湿度变化大，皮肤一时适应不过来，导致水油失衡，皮肤屏障受损，敏感、发红、脱皮等问题出现。

别担心，我们有应对方法。

温和洁面

不要再用强力清洁产品啦！改用氨基酸洁面乳，温和清洁，保护皮肤屏障。

补水修复

含有神经酰胺、积雪草提取物的保湿霜是换季时必备的护肤品。它能帮助皮肤修复屏障，恢复稳定状态。

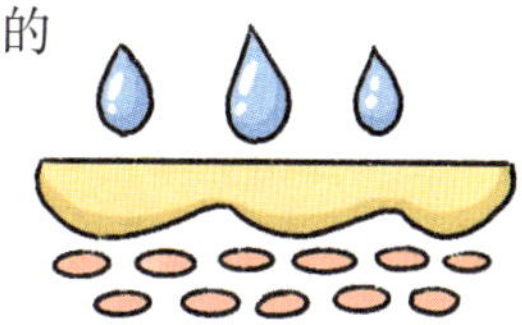

减少去角质的次数

换季时皮肤已经够敏感了，去角质只会让情况变得更糟。避免频繁去角质，给皮肤一点时间，等它慢慢适应环境再说。

急救小妙招

皮肤特别干燥时，敷一片修复面膜，立刻镇定并补水！如果干燥情况严重，记得去看皮肤科医生哦！

02 分地域护肤

亲爱的，当你偶尔出差或搬到另一个城市生活时，你是否发现皮肤状态也随之发生变化了呢？

没错，我们的皮肤会因为外界环境的变化而发生变化。因此，生活在不同地域的我们，要和湿润的空气、干燥的沙漠风暴、高山的烈日或城市的雾霾“斗智斗勇”。但别怕，下面就是我们为皮肤量身定做的地域护肤指南！

\ 湿润地区与干燥地区 /

湿润地区：潮湿的空气让皮肤变成“大油田”

如果你住在一个空气湿度高的湿润地区，空气中的水分就像“黏人精”一样紧紧包住你的皮肤，没多久你会发现皮肤水汪汪的，但同时也油得发亮，简直能当镜子用了。

生活在湿润地区，到了夏天或者温度高的“桑拿”天，大多数人的皮肤，尤其T区都会面临控油失败的窘境，痘痘还可能会给你来个突然“袭击”。

护肤重点

生活在气候湿润的地区，保持皮肤清爽才是王道，尤其是油性皮肤。选择轻薄的保湿产品和含有控油成分的精华液，能帮助皮肤在潮湿的环境中依旧保持不错的状态。在进行面部清洁的时候，记得温柔一点，别过度摩擦。最后，防晒不能少，虽然天空看似乌云密布，但紫外线依旧“潜伏”在云层中。

干燥地区：保湿成了“战场”

生活在干燥地区，我们的皮肤就像沙漠里的小仙人掌，恨不得快快喝饱水。冬天来临，脸颊更是干得恨不得开裂。长期生活在这样的环境中而不做任何护肤措施，皮肤不仅会失去弹性，还会长满细纹。

护肤重点

干燥地区的护肤秘诀就是深度保湿 + 锁水屏障。厚厚的滋润型面霜是你的“亲密盟友”，含有神经酰胺和透明质酸的护肤品可以给皮肤补足水分。如果是敏感肌，可以使用成分更温和的保湿护肤品。

如果你是个面膜达人，千万不要手软！一周敷两三次补水面膜绝对不会过分。还有，一定要记得喝水！给身体内部补水也是保持美丽的秘诀。

所以，当你去外地旅游或出差，记得查看当地天气，提前做好护肤工作哦。

你是“大油田”还是“沙漠小仙人掌”？

拿出纸笔，回答以下几个小问题，看看你属于哪一派？

Q1：在潮湿的环境下，你的皮肤通常会：

A. 化妆品都往下滑，油光满面　　B. 依然干燥，求补水

Q2：在干燥的环境中，你的皮肤：

A. 开始紧绷、起皮，活像被拉伸的橡皮筋

B. 依旧油腻，而且变得黏糊糊

Q3：每到冬天，你的护肤品：

A. 换成厚重的“保湿大军”，战斗到底　　B. 保持清爽不变，绝不油腻

结果揭晓

如果选“A”较多，那么，你的皮肤就是“沙漠小仙人掌”，需要大量保湿！

如果选“B”较多，你的皮肤就是“大油田”，记得控油、保湿两手抓。

\ 高山环境与海边环境 /

高山环境：紫外线强如“魔法攻击”

如果你在海拔高的地方居住或旅行，你的皮肤面临的第一个挑战就是强烈的紫外线。太阳公公在这里特别“放肆”，常常将人晒得满脸通红。空气也特别干燥，皮肤水分流失的速度比你喝水还快。

护肤重点

请随身携带防晒指数高的防晒霜，不然回家后你会发现自己变成了“红脸关公”。此外，记得一定要选择滋润型的保湿产品，再加上含抗氧化成分的精华液，一起帮你对抗紫外线的“魔法攻击”。

如果你不想自己的皮肤受到日晒“攻击”，出门一定要戴好帽子、墨镜，穿上防晒衣，把自己保护得严严实实的。

海边环境：海景虽美，但“盐分伤肌”

在海边待过的小伙伴大概都有过这种感受：海边的咸湿空气让头发和皮肤都咸咸的、黏黏的。海边的潮湿只是一种错觉，其实空气中的盐分会让皮肤更加干燥，甚至可能引发过敏等不少问题；而且，烈日下紫外线的“致命伤害”也让人防不胜防。

护肤重点

选择防水防晒霜，并且每两小时补涂一次，千万别偷懒哦！回家后立刻用温和的洁面乳清洁脸部，彻底洗净残留的盐分和防晒霜。记住，在经受了海风和太阳的联合攻击后，来个晒后修复 SPA，用舒缓补水面膜让皮肤放松一下是很有必要的哦。

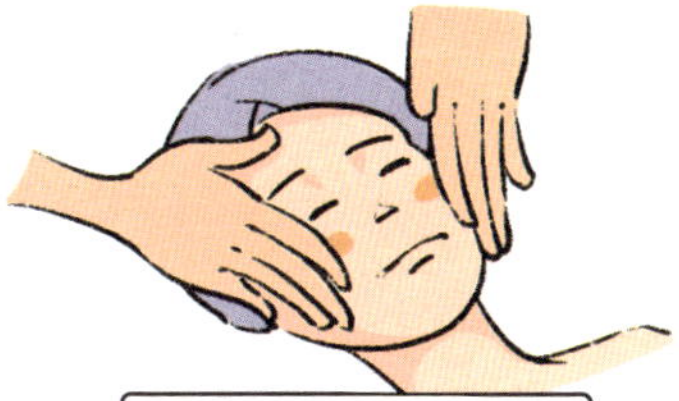

晒后修复 SPA

你有去过高山或者海边旅行的经历吗？你的皮肤表现如何？试着回忆一下，当时的护肤工作做得足够到位吗？

可以悄悄和大家分享一下你的护肤心得，或者吐槽一下那些防晒霜补涂不及时导致的“悲惨故事”哦！

\ 城市污染与皮肤屏障 /

城市环境：PM2.5 和自由基的联手“骚扰”

生活在大城市的我们，皮肤可能正在默默承受着“污染风暴”。空气中的PM2.5、灰尘、汽车尾气像一群小恶魔，悄悄地破坏着我们的皮肤屏障，让皮肤变得更加敏感，甚至会加速衰老。

护肤重点

针对城市污染的护肤法宝一定是抗氧化！使用含维生素 C、绿茶提取物等成分的精华液，可以帮助皮肤对抗自由基，减少污染伤害。记住，每天一定要认真卸妆和清洁，让皮肤回归“纯净”。此外，使用修护皮肤屏障的保湿产品，给皮肤筑起一道“防护墙”。

城市污染真的会加速我们的皮肤衰老吗?

答案是：会的！城市污染不只让我们的鼻子不舒服，它对我们的皮肤也有实实在在的伤害。

研究表明，空气中的污染物会刺激皮肤，导致大量的自由基产生，这些自由基就像一群破坏分子，悄悄地攻击我们的皮肤细胞，破坏胶原蛋白，加速皮肤衰老，让我们的脸提早出现皱纹和色斑。

不仅如此，长时间暴露在污染环境中还可能引发炎症反应，导致皮肤敏感、泛红，甚至产生痘痘和粉刺。总之，城市污染对皮肤的影响绝对不容小觑。

身处污染环境中你能保护好皮肤吗？想知道自己面对城市污染的防护工作做得如何？快来看看下面的小测试！选出你的答案，检测一下你的护肤工作是否做到位。

Q1：每天出门前，你的防晒习惯是：

A. 抹上一层防晒霜，然后才出门

B. 防晒霜 + 抗氧化精华液

C. 防晒霜？好像一年没用过了吧

Q2：回家后，你是如何清洁皮肤的？

A. 随便用水冲一下，洗个脸就完事

B. 用温和的洁面乳仔细清洁，并做二次清洁，确保脸上不留任何污染物

C. 太累了，回家后直接躺床上睡觉，洗脸？算了吧

Q3：抗氧化精华液，你用得如何？

A. 从来没听说过，这是什么高科技？

B. 当然在用啦，尤其现在城市污染这么严重，得给皮肤补充“抗氧化大餐”

C. 偶尔，想起来就涂一涂

—— 结果揭晓 ——

如果选 A 较多：你的护肤意识还处在萌芽期，要加把劲啦！污染对皮肤的影响可不是开玩笑的，赶快学习一些基础的抗污染护肤知识吧！

如果选 B 较多：你简直就是护肤小达人，面对污染也能游刃有余！继续保持，给皮肤最好的保护！

如果选 C 较多：你真的需要重新审视一下自己的护肤习惯了！不要让污染偷走你的青春，对自己的皮肤多上一点心吧。

温馨提示

· 做好清洁：回到家后，一定要认真卸妆和清洁，别让污染物在脸上过夜，伤害你的皮肤。

· 抗氧化护肤：将抗氧化精华液加入日常护肤中，为皮肤提供一道“保护盾”。

· 强化皮肤屏障：使用含有神经酰胺、胆固醇等成分的保湿霜，增强皮肤抵抗力，皮肤屏障增强，才不容易被外界伤害哦。

分需求护肤：你的皮肤愿望小清单

每个人的护肤需求都不同。有人想要美白，出门自带“打光板”效果；有人追求水润保湿，期盼每天都能拥有“水煮蛋肌”；还有人特别注重抗老，誓要延缓岁月的脚步。了解你的护肤需求，才能精准制订最合适的护肤计划，轻松应对皮肤挑战。

01 保湿需求：干燥皮肤的“救命稻草”

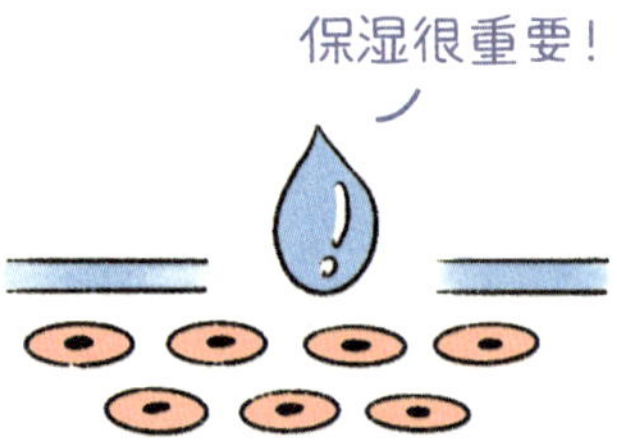

保湿是所有护肤程序的基础，就像房子的地基。尤其对于干性皮肤和敏感性皮肤来说，补水保湿更是重中之重。皮肤一旦干燥，细纹、粗糙、脱皮等问题都会找上门来。

护肤重点

· 多层保湿：别小看这一步！先用保湿精华液为皮肤“打底”，补充水分，然后用保湿霜锁住水分，形成一层保护膜。觉得干燥时，还可以随时用补水喷雾为皮肤“解渴”。

· 保湿面膜：每周用2~3次保湿面膜，给皮肤来场“水润盛宴”，改善干燥状态。建议在敷面膜时听听音乐或读本好书，让自己享受一段轻松的时光。

温馨提示

睡前别忘了涂上厚厚的保湿晚霜，早上醒来时，你的皮肤会更柔软、弹润。

02 美白需求：变身“发光少女”

如果你的梦想是拥有亮白无瑕的皮肤，那美白就成了你护肤路上的“头等大事”。使用含有维生素C、烟酰胺或熊果苷的美白产品，能有效抑制黑色素生成，帮助提亮肤色。

护肤重点

· 夜间修护：晚上是皮肤自我修复的黄金时间，千万别浪费了！使用美白精华液和修护晚霜，让你的皮肤在睡梦中偷偷变美。

· 加强防晒：这是美白护理的终极秘诀！即使在阴天，也别忘了涂防晒霜，保护你的美白成果，因为再昂贵的美白产品也敌不过无情的紫外线暴露。

· 抗氧化：早上搭配使用含维生素C的精华液，帮助皮肤抗氧化，全天保持“发光”状态。

03 抗老需求：对抗“岁月小偷”

抗老这件事，永远不要等到细纹出现才开始。二十岁出头就可以使用一些基础的抗老产品了，比如含视黄醇、胜肽和抗氧化成分的护肤品，它们能帮助你对抗岁月的侵袭。

护肤重点

· 眼部护理：眼周皮肤很薄，是最容易泄露年龄的地方。使用滋润型眼霜能有效防止眼角细纹的侵袭。建议在涂眼霜时用无名指轻轻按压，帮助产品吸收。

· 脸部提升：每晚按摩脸部，别小看这个步骤哦！使用提拉按摩手法，可以促进面部血液循环，不仅能让皮肤更紧致，还能让你的心情变得愉悦放松。

· 抗氧化：使用富含抗氧化成分的精华液，如辅酶 Q10 和绿茶提取物，保护皮肤免受自由基侵害，更持久地保持青春感。

04 控油需求：战胜油光，做“哑光美人”

油性皮肤总是被油光困扰，特别是在炎热的夏天，面部一不小心就成了“大油田”。控油不只是用吸油纸，更要从根源调理，达到水油平衡。

护肤重点

· 清爽洁面：选择控油的洁面乳，但不要过度清洁，否则会刺激皮肤分泌更多油脂。一天洗脸两次即可，否则皮肤会越来越油。

· 控油保湿：别以为油性皮肤就不需要保湿！使用轻薄的水乳产品，既能补水，又不会让皮肤变得油腻。

·控油面膜：每周使用含有活性炭、火山泥的控油面膜，吸附多余油脂，帮助净化毛孔。

· 调整饮食：记得保持饮食清淡，避免高糖高脂食物。保持良好的饮食习惯能帮助改善油脂分泌哦！

05 修复需求：给皮肤“疗伤”的机会

皮肤屏障受损时，你会觉得皮肤干痒、泛红，甚至长红血丝。这时候，皮肤需要温和的修复护理，帮助重建皮肤屏障。

护肤重点

· 温和清洁：使用无刺激性的洁面产品，减少对皮肤的二次伤害。洗脸时用温水，避免过冷或过热。

· 修复精华：含有神经酰胺、积雪草提取物或燕麦精华的修复精华液，是敏感肌的救星。这些成分能够帮助修复皮肤屏障，增强皮肤的自愈力。

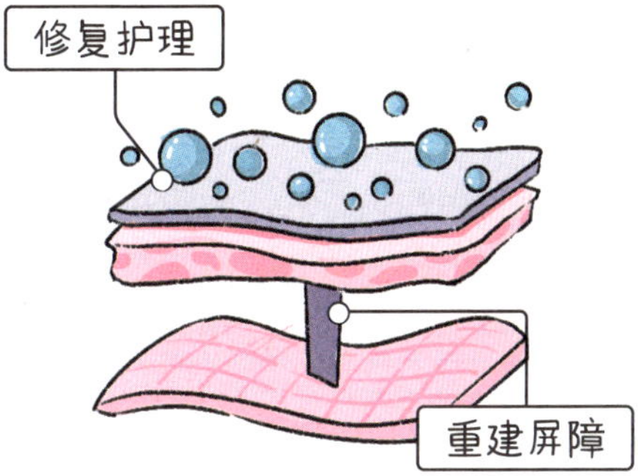

· 保湿修护：涂上富含神经酰胺和胆固醇的修护面霜，在面部形成一层保护膜，防止水分流失。

亲爱的，快来和我聊聊你的护肤愿望吧！你最想解决的皮肤问题是什么？

无论是让人讨厌的痘痘、惹人烦恼的色斑，还是时不时冒出来的细纹，从这本书中都能找到对应的护肤方案哦。

分阶段护肤：皮肤阶段不同，养肤策略不同

在皮肤护理领域，我们常常会遇到各种问题皮肤，主要可归为三大类：敏感肌、痘痘肌和色素肌。不同的问题皮肤，都需要我们依据皮肤的具体状况，分阶段精心修护。

01 敏感肌的修护策略

敏感肌问题的根源在于皮肤屏障受损，角质层变得脆弱不堪，原本应该严密的保护层变成了一张网纱，毫无防御能力。外界的各种干扰因素如同汹涌的潮水，轻易冲破防线，刺激皮肤，引发炎症，进而产生一系列过敏反应。

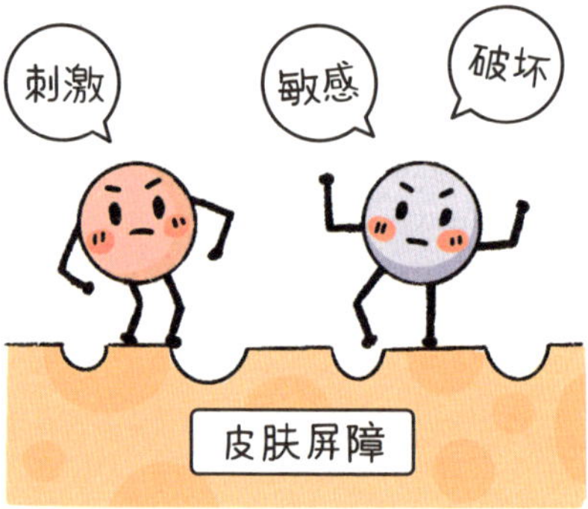

第一阶段：缓解不适，修复细胞，提升皮肤自愈力

此阶段的核心是缓解皮肤出现的泛红、发热、刺痛和瘙痒等症状，同时对受损细胞进行修复，增强皮肤的吸收和代谢能力。

我们在护肤时可以借助含有洋甘菊、马齿苋、积雪草等提取物的护肤品，这些神奇的成分宛如皮肤的“舒缓精灵”，能够迅速镇定皮肤，缓解不适，同时修复受损细胞，逐步建立皮肤的耐受力，让皮肤从脆弱中恢复生机。

第二阶段：水油平衡调节与消炎排毒（油性皮肤）

油性敏感肌面临着不同的挑战，皮脂腺过度分泌油脂，如同肥沃的土地上长满了杂草，容易引发细菌、病毒的入侵，致使皮肤出现痘痘、疹子、脓疱等问题。

这时，我们需要使用轻酸类成分来帮助皮肤清除多余的油脂。对于皮肤内的炎症和毒素，也要及时进行排毒排脓处理。比如，水杨酸是控油的得力助手，而甘草根、苦参根、马齿苋、蒲公英、白鲜根皮等中草药提取物则像一支专业的“皮肤护卫队”，能够发挥抗菌消炎、排毒排脓的作用，有效抑制痘痘生长，让皮肤恢复清爽健康。

保持皮肤的微态平衡，就像保持身材匀称一样，是一生的课题。

第三阶段：强化皮肤屏障，巩固修复成果

当炎症和毒素被代谢清除后，皮肤就像是一个经历了风暴的港湾，处于较为脆弱的状态。此时，含有神经酰胺、透明质酸、胶原蛋白、纤连蛋白、肽类等成分的护肤品就成了皮肤的 “守护天使” 。它们能够为皮肤补充水分，修复

脆弱之处，增厚薄弱的角质层，建立起坚固的皮肤屏障，提高皮肤的防御能力。人们往往在症状减轻的时候就忘记曾经的痛苦，不重视巩固效果。殊不知，肌底健康才是真正的健康！表面症状消失后，一定要坚持养护，直到肌底强韧。你会发现，老问题不再轻易发生，神奇的是，即使发生，再次恢复也比之前快很多哦。

你的护肤做法正确吗？

1. 用冷水洗脸，觉得又凉快又清洁？（是 / 否）
2. 敷面膜超过 30 分钟，觉得越久越好？（是 / 否）
3. 喜欢换护肤品，不断尝新？（是 / 否）

以上问题的答案如果都为“否”，恭喜你，你的护肤做法是正确的。如果你的答案超过一个“是”，请停止错误的护肤步骤！敏感肌人群购买护肤品时选对成分最重要，敏感肌最爱“稳定”，少刺激，用心呵护，皮肤才能变得强韧哦！

02 痘痘肌的修护之道

痘痘肌的形成主要是由于皮脂腺分泌过于旺盛，导致毛孔堵塞，外界有害菌群乘虚而入，皮肤有益菌群减少，皮肤屏障逐渐弱化，炎症由此而生，痘痘、脓疱、疱疹等问题也接踵而至。

第一阶段：疏通毛囊，舒缓修复，提升皮肤能力

这个阶段的首要任务是疏通毛囊通道，同时缓解皮肤泛红、瘙痒、刺痛等不适症状，修复受损皮肤细胞，提高皮肤的吸收和代谢能力。

这类问题皮肤的毛囊通道就像是被杂物堵塞的管道一样，我们先用含有氨基酸成分的洁面产品，轻柔地清除毛孔中细胞代谢产生的产物和垃圾。然后，配合使用含有仙人掌、燕麦 β－葡聚糖、麦冬根、芍药根、黄芩根等提取物的修护产品进行湿敷。这一系列操作就是在为毛囊管道进行疏通和修复，提升皮肤的吸收和代谢能力，为后续皮肤充分吸收营养奠定良好的基础。不过，湿敷时间需要根据皮肤状况控制，时间过短则效果欠佳，时间过长则可能给皮肤带来不必要的负担。

第二阶段：控油消炎，排脓排毒，预防痘印

当皮肤毛囊通道得以疏通，并建立了一定的耐受度后，就需要使用含轻酸类成分的产品来控制油脂分泌，同时对皮肤内的炎症和毒素进行处理。

水杨酸可以有效控制油脂，羟基乙酸能够帮助皮肤代谢老废角质。此外，甘草根、芍药根、苦参根、马齿苋、蒲公英、白鲜根皮等中草药提取物就像皮肤的“清道夫”，能够发挥抗菌消炎、排毒排脓的作用，同时抑制黑色素形成，避免痘痘消退后留下痘印，最终让皮肤逐渐恢复光滑细腻。

第三阶段：修复皮肤，强化屏障，防止痘痘复发

此阶段的重点是修复皮肤并强化皮肤屏障。我们可以使用含有神经酰胺、透明质酸、胶原蛋白、弹性蛋白、寡肽类等成分的护肤品，它们就像皮肤

的“建筑材料”，能够补水保湿、充盈肌底，有效避免痘痘留下痘坑，从根源上杜绝痘痘反复发作，让皮肤重新恢复健康状态。

强韧肌底，强化屏障，对于痘痘肌修护非常重要！因为在消灭痘痘的过程中，难免会使皮肤缺水，控制油脂的过程也是打破水油平衡的过程。

别和痘痘较劲！

千万不要动手抠痘！随便处理可能让痘痘变成痘坑，终生陪伴着你。用科学的方法与痘痘和平共处，才是最明智的选择哦！

03 色素肌的修护秘籍

皮肤暗沉、肤色不均且伴有斑点，主要源于皮肤的亚健康状态。此时，老废角质大量堆积，毛囊通道堵塞，皮肤的吸收代谢能力变得很差，导致黑色素无法正常代谢，只能堆积在表皮，形成恼人的斑点，就像交通堵塞导致车辆无法正常通行一样。

第一阶段：控制色斑，修复皮肤，提升代谢与耐受度

这个阶段的主要目标是控制色斑，修复皮肤，并提升皮肤的吸收代谢能力。

对于这类皮肤的人群来说，防晒是重中之重，因为紫外线就是一个无情的"色斑制造机"，会进一步损伤皮肤，加重斑点问题。我们可以采用多种物理防晒手段，如戴防晒帽、口罩，使用太阳伞等，同时搭配防晒指数 SPF 50 + 的防晒霜，为皮肤构筑一道坚实的防护墙。

另外，使用含有仙人掌、库拉索芦荟、β-葡聚糖、芍药根、多肽类成分的修护产品，它们在为皮肤补水修护的同时，疏通毛囊通道，提升皮肤的吸收代谢能力，建立皮肤的耐受度，还能提亮肤色，增加皮肤的透亮度，让皮肤焕发健康的光彩。

皮肤产生色素沉淀，大多是因为皮肤的自身代谢系统和自愈系统发生故障。所以在这个阶段,修复也是很重要的一环。你会发现,你还没有对黑色素发起"狙击战"，斑斑点点就少了很多呢！

第二阶段：瓦解黑色素，去除老废角质

当毛囊通道疏通且皮肤的代谢能力和耐受度都有所提升后，就需要针对性地瓦解堆积的黑色素，并清除老废角质了。

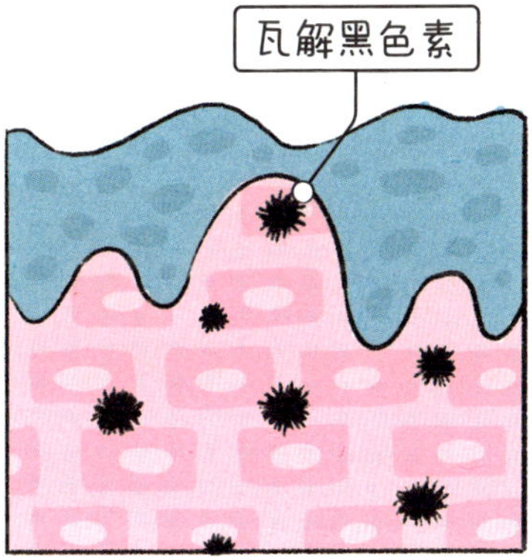

烟酰胺、熊果苷、谷氨酸、乳酸杆菌等成分就像是皮肤的"美白特工"，它们能够帮助皮肤瓦解黑色素，使肤色更加均匀，同时加强角质层代谢，去除死皮，从而淡化斑点，让皮肤逐渐变得白皙无瑕。

第三阶段：修复皮肤，增厚角质层，强化屏障

最后，我们要致力于修复皮肤，增厚健康的角质层，强化皮肤屏障。

含有神经酰胺、透明质酸、胶原蛋白、弹性蛋白、纤连蛋白、肽类等成分的护肤品就像皮肤的“营养宝库”，它们为皮肤补水保湿，促使新的角质细胞快速生成，提高皮肤的防御能力，让皮肤更加健康、有活力。

需要注意的是，由于皮肤底层正常存在黑色素细胞，所以色斑不可能完全被消除，淡化色斑就像剥蒜一样，即便剥掉外层，里层的色斑仍可能会浮现。

我们的主要目标是尽可能地淡化色斑，哪怕面对面，色斑也几乎难以被对方察觉。但解决表面问题以后，千万不要忘记强韧肌底哦！

护肤是一个漫长的旅程，绝非一蹴而就的事情。解决当下的皮肤问题其实并不困难，困难的是，让皮肤长期保持在相对平衡健康的状态。我们需要有足够的耐心，并且积累丰富的皮肤修护经验，才能应对频发的各种皮肤问题。

生活方式的重要性：你怎么活，皮肤就怎么表现

我们知道，皮肤是人体最大的器官，它能感受到我们的生活习惯，并忠实地呈现出来。你如何对待自己的身体，皮肤都会如实反映。接下来，我们一起探讨生活中有哪些习惯正在悄悄影响你的皮肤！

01 熬夜、吃辣？这些习惯让皮肤“哭泣”

相信大家或多或少都曾经或正在熬夜追剧、刷手机，或是加班，还有不少人无辣不欢，没有辣椒吃饭都不香。

但亲爱的，这些习惯都让皮肤“默默哭泣”。熬夜、辛辣食物，都会给皮肤带来负担和损伤哦。

熬夜的罪行：黑眼圈与暗沉脸

熬夜就像一个美肌小偷，偷走了你的皮肤光泽。长期熬夜会让皮肤得不到修复，导致黑眼圈、肤色暗沉和皮肤弹性下降。睡眠不足还会增加皮肤油脂分泌，让你更容易长痘。

小贴士：固定就寝时间，尽量保证每天 7~8 小时的优质睡眠。睡前喝一杯温牛奶或泡个热水澡，有助于放松心情，助你更快入眠。

吃辣的诱惑：痘痘和红肿不请自来

虽然辣椒让人欲罢不能，但皮肤可不太“买账”。辛辣食物会刺激皮肤，使毛细血管扩张，增加面部红肿和长痘痘的风险，特别是对敏感肌来说更是雪上加霜。

小贴士：如果实在想吃辣，那么吃完后记得多喝温水，帮助身体排毒，减少皮肤刺激。此外，多吃富含维生素 C 的水果，可以帮助修复皮肤屏障。

02 健康饮食与护肤效果：食物也能改变你的脸

我们常说："你吃什么，你就是什么。"这句话对皮肤来说更是千真万确。食物中的营养直接影响皮肤健康状况，所以好的饮食习惯能塑造一张更美丽的脸哦！

抗氧化"战士"：水果和蔬菜

想要皮肤亮白无瑕、弹性十足？富含抗氧化剂的水果和蔬菜是你的好朋友！比如蓝莓、草莓、橙子、菠菜等，能帮助中和自由基，延缓衰老。

推荐食谱：早上来一杯绿色蔬菜+水果混合的美肌奶昔，中午吃一份橙子沙拉，给皮肤补充满满的维生素C，皮肤保持光泽透亮。

健康脂肪：让皮肤水润Q弹

不饱和脂肪酸对皮肤屏障有保护作用，比如牛油果、橄榄油和三文鱼中的健康脂肪，能帮助锁住水分，让皮肤更滋润、有弹性。

护肤食物法则：每天吃几片牛油果吐司，或者在沙拉中加一勺橄榄油调味，都能给皮肤带来意想不到的惊喜。

减糖小挑战：对抗暗疮和粗糙

高糖食物是皮肤的"甜蜜杀手"。糖分摄入过多会破坏胶原蛋白结构，让皮肤变得松弛、无弹性，还可能加重痘痘问题。

小挑战：尝试挑战"无糖周"，把甜食换成坚果或水果，看看皮肤会不会有变化！

亲爱的，写下你每天常吃的食物，看看有多少是“皮肤友好型”的？然后，试着调整你的饮食结构，一周后观察你的皮肤是否变得更细腻光滑。

03 运动与皮肤：流汗也能变美丽

运动不仅能让你拥有好身材，还能给你的皮肤带来意想不到的好处。流汗能促进血液循环，让皮肤看起来更健康红润，还有助于排出体内的毒素。

有氧运动：带来红润光泽

跑步、瑜伽、跳舞等有氧运动能增加血液流动，把更多的氧气和营养输送到皮肤细胞，帮助修复和再生。运动后，你会发现皮肤变得更有光泽，看起来气色更好。

运动贴士：运动完后记得洗脸，清除汗液和皮肤表面油脂，避免毛孔堵塞引发痘痘。

力量训练：塑造紧致轮廓

适度的力量训练不仅能锻炼肌肉，还能让脸部线条更紧致。哑铃训练、平板支撑等项目，都是让你变美的好方法。

加分小技巧：在做力量训练时，保持良好的姿势，避免拉伤皮肤或增加面部细纹。运动后可以敷一张提拉面膜，帮助皮肤更紧致。

瑜伽与冥想：内外焕然一新

瑜伽和冥想能帮助调节内分泌，减少压力激素的分泌。你会发现，做完瑜伽和冥想后，你不仅心情更好，皮肤也变得更平滑，痘痘和敏感状况大大改善。

亲爱的，你平时有运动习惯吗？如果没有，不妨挑战一下为期一周的“运动护肤打卡”，记录每天的运动量，并观察皮肤的变化。在此过程中你还可以拍对比照，和朋友分享你的运动美肤心得，说不定会激励更多人加入你的行列哦！

心理状态：你的情绪，皮肤都能感知

你可能不曾想过，皮肤居然是你情绪的“小间谍”，它能将你的情绪和心理状态全盘托出。

不信？那就来一起看看吧！

01 压力和焦虑真的会让你长痘吗？

你有没有发现，每次考试前、加班赶项目时，或者面对重大生活变故的时候，脸上的痘痘就像商量好了似的“大规模爆发”？这可不是巧合。压力和焦虑会引发一系列连锁反应，对皮肤造成显著影响。

压力如何影响我们的皮肤？

当我们感到压力大时，体内的压力激素——皮质醇，会急剧飙升。皮质醇会刺激皮脂腺分泌更多的油脂，导致毛孔堵塞，引发痘痘、粉刺。此外，压力导致身体免疫系统“疲惫”，使皮肤更容易受到外界的刺激而变红、发炎。

长期的压力也会让皮肤的毛细血管变得脆弱，容易破裂，导致红血丝出现，特别对于敏感肌来说更是灾难。

小贴士：保持心理平衡，尽量化解压力，不仅对皮肤好，对身体健康也大有帮助。

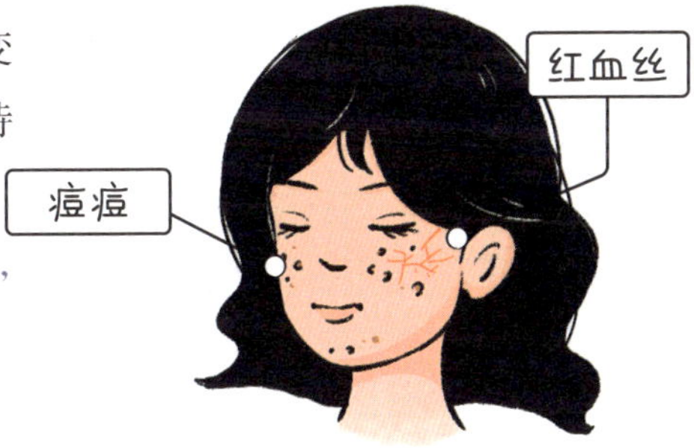

焦虑带来的负面连锁反应

焦虑让你心烦意乱、夜不能寐，导致黑眼圈、肤色暗沉等问题。一些人还会在焦虑时不自觉地触摸或挤压脸上的痘痘，引发二次感染，让皮肤问题更加严重。

压力和焦虑让皮肤变差，皮肤差又让你更加焦虑，形成一个难以打破的恶性循环。

小贴士：感觉焦虑时，尝试做一些能让你放松小活动，比如听音乐、做瑜伽，或是给自己泡一杯温暖的花茶，帮助自己缓解内心的焦虑。

情绪激动——敏感肌大敌

除了以上情绪影响皮肤的情况，敏感肌人群还会遇到一个令人难堪的问题：情绪激动的时候，皮肤容易发红发烫。

对于敏感肌的小伙伴来说，情绪的每一次波动都可能是对皮肤的一次无情暴击。无论是开怀大笑还是怒气冲冲，当情绪突然激动时，皮肤的毛细血管会因为神经兴奋而扩张，让脸颊迅速染上红晕，发烫甚至刺痒随之而来。

如何才能解决这个问题呢？

保持冷静固然重要，但也不必过分压抑情绪。在日常护肤中，可以选择具有修复和舒缓功能的产品，比如含有神经酰胺、积雪草提取物和甘草酸的护肤品。日常还可随身携带一瓶舒缓喷雾，当情绪爆发时，喷一喷让皮肤“冷静”，同时深呼吸放松心情，皮肤和情绪都会感谢你哦！

02 好心情真的会带来好气色吗？

想必大家都听过“春风拂面”这个词，这并不是随便说说的。当人心情愉快时，身体会分泌“幸福激素”，如内啡肽和多巴胺，这些化学物质能帮助人放松，促进血液循环，让脸色红润，皮肤状态确实好得像“被春风亲吻”过一样。

幸福感与皮肤的关系

当人开心大笑时，脸部肌肉会收缩和放松，带动血液循环，增加皮肤的含氧量，整张脸看起来更红润、更有光泽。此外，好心情还能改善睡眠质量，帮助皮肤在夜间修复损伤，使人第二天醒来时光彩照人。

每天笑一笑，让皮肤也感受到你的好情绪！这是面色红润的秘诀。

研究显示，长期保持积极心态的人，皮肤弹性更好，皱纹也来得更迟哦。

心情不佳导致“皮肤阴影”

如果人总是情绪低落、沮丧，皮肤也会跟着失去光泽，看起来暗淡无光，甚至容易导致过敏和发炎。此外，皮肤细胞也会跟随坏心情变得“懒散”，再生速度减慢，老化现象提前发生。

观察一下自己的皮肤状态，如果你皮肤状态不佳，心情也不“美丽”，那快点给自己找些开心的事做吧！

03 放松疗法：冥想、深呼吸的魔力

你可能没想到，心理状态和皮肤健康之间的联系如此紧密。好在我们可以通过一些简单的方法来调节情绪，给皮肤和整个身心都带来正面的影响。

冥想与深呼吸的神奇魔力

冥想和深呼吸是简单又高效的减压方法。每天花 10 分钟闭上眼睛，专注于自己的呼吸，能让你平静下来，缓解紧张情绪，同时降低皮质醇水平。

深呼吸小练习：吸气 4 秒，屏住呼吸 4 秒，呼气 4 秒，重复 5 次。这个简单的小练习就能让你心跳放缓，感觉更加放松，面部皮肤也会跟着放松哦！

小贴士：初学者可以借助冥想 App 或听一些舒缓的音乐来帮助集中注意力。开始时，可以专注于一个简单的词语或画面，逐渐延长冥想的时间。

给自己一点幸福时间

幸福不仅是心灵的需求，还是皮肤的“充电站”。每周为自己安排一点“幸福时间”，无论是泡个舒缓的玫瑰精油浴，还是听一场让人陶醉的音乐会，都会带来轻松愉快的感觉哦。

自我护理小清单

1. 每晚睡前做一个简单的脸部按摩，帮助放松面部肌肉。
2. 敷一张温和舒缓的面膜，享受 15 分钟的静心时间。
3. 写一篇感恩日记，记录当天让你感到幸福的事。

心理状态与皮肤小测试

Q1：你最近压力大吗？

A. 是的，快承受不住了　　B. 有点，但还能应付　　C. 完全没压力

Q2：你的皮肤状态怎么样？

A. 不太好，痘痘和红血丝频频来访

B. 一般，有点小问题

C. 状态不错，气色很好

根据你的答案，给自己制订一个压力管理计划吧！记住，心理状态对皮肤有着深远的影响。有时候，调节心理状态比更换护肤品更能让皮肤变好哦！试着将放松疗法融入日常生活，让皮肤和心灵一起焕发光彩吧！

第四章

为什么要“以养代疗”？

为什么要“以养代疗”？

亲爱的，转眼我们的养肤之旅就接近尾声了。在这段旅程中，“以养代疗”的护肤理念始终贯穿其中。

在这一章，我会和大家谈谈我们为什么要“以养代疗”，激素脸的形成和危害，以及医美的辅助作用与局限，和菌群平衡、微态平衡的养肤原则。看完本章之后，相信你一定能走上正确、科学的护肤养肤之道！

“以养代疗”的哲学：重拾皮肤的自愈力

01 皮肤的坚韧与脆弱并存

皮肤是人体最大的器官，就像家里的“防护门”，每天面对各种外界刺激的考验。看似坚韧的它却也有“疲劳期”，一旦被过度刺激或超负荷运作，便会变得脆弱敏感。就像你连着三天熬夜，哪怕喝再多再浓的咖啡也恢复不了几乎崩溃的身体，皮肤需要时间去修复和调整。

02 养护之道：不只是治标，更要治本

“以养代疗”的核心，就是让皮肤回归本源，通过温和的养护让它重拾自愈力。依靠外力的作用往往见效快但短暂，就像给植物施了生长剂，一时长得枝繁叶茂，但最终可能因过度生长消耗养分而走向枯萎。

皮肤更像一朵娇嫩的花朵或者一盆多肉植物，你不能指望天天给它喷强力营养液，那换回的只是短期的“肥美”。真正的好皮肤，应该是内外平衡的结果，靠的是细心呵护、适度养护，而不是过度干预。所有不是从长期主义出发的护理方案，都是“耍流氓”！

03 “以养代疗”的作用：重建皮肤的自愈力

皮肤是会自我修复的

皮肤本身是一个拥有自愈力的精密系统。它会通过细胞的新陈代谢，自动修复日常的损伤。简单来说，皮肤的代谢周期通常为 28 天，也就是每月换一次“新衣”。我们需要做的，就是为它创造一个理想的“工作环境”，而不是让它成为各种名目的护肤品的“试验田”。

自愈力是抵抗力的基础

当皮肤受到外力干涉过多时，比如长期使用药物、激素产品或高效美容手段，皮肤逐渐失去自愈和自然生长的能力，像温室里的花朵，一旦失去外力的辅助和保护，问题便会卷土重来，甚至变得更为严重。

“养”是皮肤的长期投资

相比于“快治快好”的解决方案，养护需要时间，但它的好处是持久且稳固。通过长期、科学的皮肤养护，找到适合自己的养肤方案，使皮肤屏障变得更强，抵御外界刺激的能力就会更高，最终回归健康的自然状态。

总而言之，皮肤不是机械零件，它需要润物细无声的呵护，而不是大动干戈的修补。皮肤是人体最大面积的器官，一旦受损，恢复需时，重新变得“壮硕”亦需时。所以，如果你一味追求短期效果，结果很可能欲速则不达。

相反，当你开始“以养代疗”，等待皮肤慢慢找回自己的节奏时，它将用它的方式向你表达感谢——呈现健康、光滑、透亮的状态。

皮肤还会提供“彩蛋惊喜”哦！你会发现，皮肤的自愈力和耐折腾的能力，以肉眼可见的速度增长！

记住，我们的皮肤是很诚实的。干燥、紧绷、泛红、爆痘……这些症状都在告诉我们，皮肤需要休息，需要水分，需要保护，而不是更多的“折腾”。

与其尝试一次次“急救”，不如花点时间倾听皮肤的诉求，“以养代疗”，等待皮肤慢慢恢复最佳状态。

当心！别成为激素脸

01 皮肤在什么情况下会成为激素脸？

“激素脸”这个词，你可能不陌生，它在各种护肤论坛和“小红书”上被反复提及。简言之，激素脸的形成就是由于使用了含有激素成分的护肤品或药膏，使皮肤出现一系列反常现象，比如红肿、脱皮、油脂分泌失控等。

虽然这个问题常常被人低估，但它的危害性不容小觑。如果你没能正确识别并避开护肤误区，激素脸可能就会悄悄地侵袭你的皮肤，让你措手不及。

激素脸的形成过程

我们知道，皮肤是人体的第一道防线，无论是来自外部的紫外线、空气污染，还是来自内部的压力和饮食习惯，都会对皮肤造成不同程度的影响。

长期使用含有激素的药膏或美容产品就像给皮肤穿上了一层“铠甲”，看似见效快，但其实只是对皮肤的“假保护”。长期使用这类产品，无异于饮鸩止渴！

这些激素类成分最常出现在类固醇类药物中，它们能迅速缓解皮肤的炎症，甚至在短时间内让皮肤看起来“美丽无瑕”。但是，皮肤问题很快会反弹，出现泛红、脱皮、爆痘等症状，且变得更加顽固、更难治疗，最终形成所谓的激素脸。

02 成为激素脸之后的皮肤烦恼

如果你的皮肤已经踩了激素脸的“坑”，那么你将会面对一系列的皮肤烦恼，这些烦恼不仅仅导致外表的变化，更会造成心理上的沉重负担。

皮肤出现明显的泛红和红血丝

激素脸最常见的症状之一是皮肤出现持续性泛红，尤其是在面部的两颊、鼻翼等部位。这种红肿并不容易消退，它通常伴随着毛细血管扩张，导致皮肤表面形成明显的红血丝。它不仅让肤色看起来不均匀，还给人一种发炎的错觉，就像是一座随时要爆发的小火山。

干燥脱皮，难以自愈

除了泛红，干燥、脱皮也是激素脸常见的表现。虽然皮肤表面看似有点干，只是稍稍感觉有些发紧，但实际内部却处于严重缺水的状态。这时，你的皮肤已经特别“渴”了，就像严重干旱缺雨的沙漠，普通的补水和滋润护理都不起作用。

痘痘、丘疹频频登场

在激素脸上，痘痘、脓包等问题是“常客”。这些问题往往在停用激素类药膏后更加严重，痘痘不仅停不下来，而且还特别顽固，无论你怎么洗脸、护肤，效果都不明显。

长期使用激素类药膏，不仅会导致皮肤屏障功能下降，还会抑制皮肤自我修复的能力。皮肤本来有自我调节的能力，但激素类成分在短期内通过强力干预，使皮肤依赖外力来解决问题，从而丧失了自我修复的能力。

那么，问题来了，既然激素类药膏的危害如此巨大，为什么还有些人会不惜一切代价，坚持用激素类药膏来“拯救”皮肤呢？

03 激素类药膏的短期效果与长期危害

这是因为激素类药膏能迅速缓解炎症，让皮肤看起来神奇般地“焕然一新”。它通过迅速消除局部的炎症反应，使皮肤状态在短时间内得到明显改善。这种立竿见影的效果让很多人误以为它是解决皮肤问题的“万能钥匙”。

然而，使用激素类药膏的最大隐患在于它只能掩盖问题，却无法从根本上解决皮肤问题。一旦停用药膏，皮肤问题通常会严重反弹，产生“药物反弹”现象，使用者甚至会形成激素依赖，导致皮肤状况更加脆弱。

Q：我们是否能够使用激素类药膏呢？

A：当皮肤出现严重的皮炎、过敏等问题时，在专业医生的指导下使用适当的激素类药膏是可以的。但千万不要自作主张，随便购买和使用含激素的药膏。使用激素类药膏应该作为“最后一招”，而不是日常护肤的一部分。长期使用激素类药膏可能会打破皮肤的自然平衡，甚至造成皮肤萎缩、色素沉着等问题。注意！千万不要在没有医生指导的情况下随便使用激素类药膏，否则很可能形成激素依赖，陷入激素脸的困境。

医美的辅助作用与局限性

在追求美丽的道路上，医美似乎成了不少人解决皮肤问题的神奇钥匙。

激光祛斑、光疗嫩肤、水光注射……似乎已经成为稀松平常的护肤手段。然而，这些技术其实是一把双刃剑，在解决问题的同时，也带来一些潜在的风险，尤其是在没有足够护理和科学指导的情况下，更会给皮肤带来极大的损伤。

医美在辅助皮肤修复和改善方面，是利是弊，收获多少，在于医美项目选择的适配性，更在于项目前后的护理方案是否科学！那么，医美究竟有哪些优势，又有哪些局限呢？让我们一起来探讨一下吧。

01 医美的辅助作用

首先，我们得承认，医美确实在皮肤修复中扮演着重要角色。对于那些皮肤问题较为严重的朋友，医美可以快速改善肤质，甚至解决一些日常护肤无法改善的问题。

举个例子，光疗技术（皮秒、点阵等）是现代医美中常用的医疗手段。它的优势在于能够刺激皮肤产生新的胶原蛋白，帮助修复受损的皮肤结构，改善肤质。

比如皮秒激光，它就像一把精准的“狙击手枪”，能在瞬间击碎皮肤深层的色素颗粒，促使皮肤自我修复。

再比如点阵激光，它通过小面积的激光点阵作用于皮肤，刺激皮肤深层胶原蛋白的生成，不仅有助于淡化细纹、疤痕，还有助于提升皮肤的紧致度和弹性。

再举一个例子："水光"。一说到"水光"，许多人脑海中立刻浮现的画面就是针头在皮肤表面来回游走，皮肤瞬间变得水润光滑。

水光注射通过将玻尿酸等保湿成分直接注入皮肤深层，快速为皮肤补充水分，缓解干燥，提亮肤色。特别是在秋冬季节，水光注射能够帮助皮肤摆脱干燥的困扰，还能够增加皮肤的弹性和光泽感。

这些医美手段虽然见效快且显著，但不能过度依赖。如果我们每月都做一次水光注射，那皮肤就会过度依赖外力，导致自我修复能力下降，反而变得越来越脆弱，出现红血丝、玫瑰痤疮等问题是很容易的事。如同花朵的培育，适度施肥，花朵茁壮成长，但过度浇灌，花朵就会失去自愈力，最终"花容失色"。科学方案加上适度养护，皮肤美丽才会更加持久。

02 医美的局限性

医美能够有效解决或者改善一些皮肤问题，但是它依然有显著的局限性。

医美手段大抵分为两种。

注射类

能针对性注入有效养分，对施术者的技术和产品搭配方案要求都很高，与此同时，皮肤也需具备吸收和消化能力，方有意义，否则注入的养分反而成为皮肤的负担。让我心痛的是，很多求美者被营销绑架，选择了根本不适合自己的注射方案，结果适得其反。

光电项目类

不同的光电项目解决不同的问题，有的只能解决皮肤浅层问题，有的则可激发皮肤深层细胞的再生能力。而很多皮肤问题是深层浅层同时发生的，更重要的是，做完光电项目后，皮肤往往进入短暂的应激状态，这是皮肤变美的关键期，也是最容易产生问题的隐患期。

以上两种类型的医美，都有很关键的一点，就是要对症且有配套的护理方案。而这个关键点，却被大量的市场营销人员忽视，甚至误导。所以，求美者在选择医美项目时，一定要结合自己的皮肤情况选择适配方案，不要盲从。同时，千万不要忽视医美项目前后的皮肤疗养工作。

医美机构不一定具备“美丽专业”

很多医美机构缺乏对皮肤问题的深入了解和“对症下药”的能力，他们往往只是简单地操作某种仪器，而非根据每个人的皮肤状况量身定制治疗方案，盲目治疗反而会引发求美者更多的皮肤问题。

比如，一些医美机构会盲目推广激光祛斑，或者基于营销噱头无差别地实施水光注射，而这些方法在没有科学规划的情况下，很容易给皮肤带来反效果，甚至加重皮肤敏感。

所以，选择正规的医美机构，选择有资质的专业人士，设计长期的有针对性的医美方案后，再进行治疗，是非常必要的。

过度承诺和不透明的服务内容

不少医美机构为了吸引顾客，常常做出过度承诺。像“做一次激光，5 天就能祛除所有色斑”这样的广告，实在没有科学依据。

一些皮肤问题可能需要多次治疗，或者通过药物配合护理才能完全解决。因此，求美者应该保持理智，不要被华丽的宣传所迷惑。

医美可以在一定程度上辅助改善皮肤问题，但绝非灵丹妙药。

只有科学的护肤理念才能让皮肤长久维持在最佳状态。尤其是当皮肤出现问题时，只有施以针对性的养肤方案，培养正确的护肤习惯，保持健康的生活方式，才是更为有效的“治标又治本”。

养肤原则：菌群平衡和微态平衡

在商业主义甚嚣尘上的现代社会，皮肤被各种护肤品、药品、医美手段层层包围。然而，我们应该意识到一个问题：皮肤的修复和保养并不一定要靠外力刺激，它本身是具备自我调节能力的，因此，我们更应该关注皮肤本身的内在机制。

01 皮肤的生态系统

我一直主张菌群平衡和微态平衡的养肤原则。

菌群平衡，顾名思义，就是一种皮肤表面微生物和谐共生的平衡状态。在第一章我们了解到，皮肤并非一片“死寂的平原”，而是一个复杂多样的、生活着无数细菌和真菌等微生物的生态环境。

科学研究表明，皮肤表面的这些微生物，与我们的皮肤健康密切相关。

如果这个皮肤微观世界中的菌群处于失衡状态，则可能导致痘痘、湿疹、过敏等皮肤问题发生。菌群失衡的直接后果，就是皮肤变得脆弱，容易受到外界侵害，易出现炎症、红肿和其他皮肤不适。

所以，保持皮肤菌群平衡的核心任务就是维护皮肤的“好菌”，抑制有害细菌的过度生长。

而微态平衡是指皮肤表面环境中，水油、酸碱等各项因素的动态平衡。就像大自然中的生态系统，水土保持、气候调节都是保证生物多样性和繁荣的关键。而皮肤的微态平衡，尤其是水油平衡和pH值平衡，对皮肤保持健康来说同样关键。

水油平衡

皮肤的水油平衡就像一道看不见的保护屏障，控制水分的蒸发和油脂的分泌。当水分不足或油脂过多时，皮肤很容易变得干燥或者油腻，进而产生脱皮、粉刺等问题。

pH 值平衡

健康皮肤的 pH 值通常偏酸性，约为 4.5~5.5。保持这个微酸性的环境，有助于抑制有害细菌生长，并促进皮肤表面"好菌"的繁荣。

因此，保持皮肤微态平衡不仅是对皮肤表面环境的一种自我保护，也是抵御外界刺激的有效手段。如何才能做到皮肤的菌群平衡和微态平衡呢？

如何保持平衡？

02 如何维持皮肤的菌群平衡和微态平衡？

其实，我一直所说的"以养代疗"就能很好地帮助维持皮肤的菌群平衡和微态平衡。以下是一些实践建议。

适度医美，注重培养自我优化能力

医美手段能够提供快速、显著的效果，但它们属于外力干预，如果过度依赖，反而可能让皮肤失去自我修复的能力。

更理想的做法是通过日常的细心养护，让皮肤自发恢复到健康的状态。这就需要我们找到和建立适合自己皮肤的养护习惯，并注重控制来自外界的刺激。

比如说，定期做适度的深层清洁或强效补水，保持皮肤水油平衡，使用含有抗氧化成分的护肤品，这些都是能增强皮肤自愈力的手段。

在皮肤养护期间，可选择合适的医美项目，但切忌贪多。

03 养肤节奏和力度的控制

养肤的节奏和力度非常重要。过于频繁地去角质或者使用过多功能的产品，都可能让皮肤承受过多负担，反而加剧问题。

去角质过于频繁

去角质的作用是去除皮肤表面的死皮细胞，促进新细胞更新，从而让皮肤看起来更加光滑、明亮。然而，如果我们过度去角质，就有可能导致皮肤屏障受损，让皮肤变得敏感，反而引起红肿、刺痛，甚至过敏反应。

使用过多功能的产品

不少人有一个误区，以为护肤品的功能越多越好，于是具有美白、抗衰老、修复、保湿等功效的护肤品涂了一层又一层。她们期待着达成多种护肤效果，但实际上，过多的功能和成分叠加会给皮肤带来不良后果。

· 成分相互干扰

每种成分都有自己的功效，如抗衰老、抗氧化、抗炎等，这些成分之间可能会相互干扰，导致作用降低，甚至刺激皮肤，造成过敏反应。

· 加重皮肤负担

如果叠加使用多功能成分的护肤品，可能导致皮肤的负担加重，皮肤“生态系统”失衡，反而会引发一些皮肤问题。

我们的皮肤有一个“承受上限”，再健康的皮肤也需要时间去适应新的护肤品和护理方式。过度的护理不仅无法让皮肤变得更好，反而容易使皮肤进入过度刺激的状态，引起皮肤自身的修复反应，造成恶性循环。

除此之外，还有一个常见的护理误区：过度依赖油脂成分。

在众多的护肤品中，含油脂成分的面霜、精华液和面膜常常是养肤的主角。它们能够锁住水分，滋养皮肤。但如果使用不当，过多的油脂可能会堵塞毛孔，导致闭口粉刺和脂肪粒的生成。

因此，选择合适的油脂类护肤品非常重要。在使用这些产品时，要注意控制使用量，并根据自己的肤质调整频率。比如，油性皮肤和混合性皮肤就不适合使用过于油腻的产品，而干性皮肤则可以适当增加油脂类护肤品的使用频率。

另外，有些成分特别适合晚上使用，白天使用反而会适得其反。比如烟酰胺、维生素 C 等美白成分，在阳光下容易被氧化，所以建议在晚上使用。这就要求我们在使用护肤品时，要根据它们的成分特性来决定使用时间和使用方法。

04 修复、补水、抗衰老

健康皮肤的养护之道，最终还是回归到修复、补水和抗衰老。

修复

修复是养肤的第一步，修复受损的皮肤屏障，增强皮肤的免疫力，让皮肤能抵御外界的侵害。

补水

补水是保持皮肤水润、弹性的基础，特别是在干燥的季节和环境中，水合作用是养肤的关键。

抗衰老

随着年龄增长，皮肤的胶原蛋白和弹性纤维逐渐流失，因此抗衰老护理尤为重要。使用含有抗氧化成分的护肤品，可以帮助皮肤抑制自由基，减少皱纹的生成。

菌群平衡和微态平衡是皮肤健康的内在基础，保持这些平衡，才能让皮肤始终处于最佳状态。而过度依赖外力，不仅容易让皮肤产生依赖性，还可能使皮肤丧失自我修复的能力。

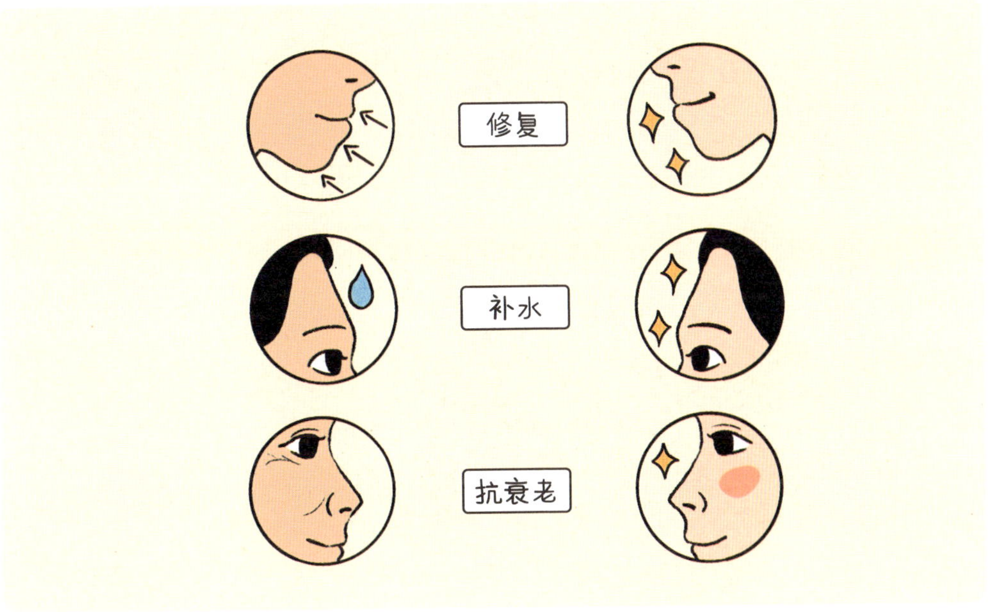

第五章

经典案例大揭秘

经典案例大揭秘

亲爱的，你是否在前几章的内容中找到了适合自己的护肤方案呢？

护肤的旅程常常充满了试探，尤其是在我们面临一些难以解决的皮肤问题时。许多人认为，只有不断尝试新护肤品和流行的护肤方法，才能获得理想的皮肤状态，然而，事实并非如此。过度护肤，反而可能让皮肤状况变得更糟，皮肤问题日益严重。

本章将展示 4 个经典问题皮肤案例，以及对应的成功护肤过程。通过这些真实的案例，我们可以一窥如何避免盲目跟风，如何采用科学的方式让皮肤恢复活力。每一个案例背后都有一个独特的护肤史，而最关键的是，案例中的女性最终都找到了适合自己的修复方案，让皮肤恢复自然平衡。

准备好了吗？接下来，让我们跟随这些真实的护肤故事，一起看看那些曾在护肤路上走了不少弯路的朋友是如何从失败中汲取经验，最终走上正确的护肤之路的！

案例一、控油焕新：从痘印到清透

基本情况

姓名：杨女士
年龄：41 岁
皮肤类型：ORNW
主要问题：
痘印痘坑、明显细纹、毛孔粗大
持续时间：5 年

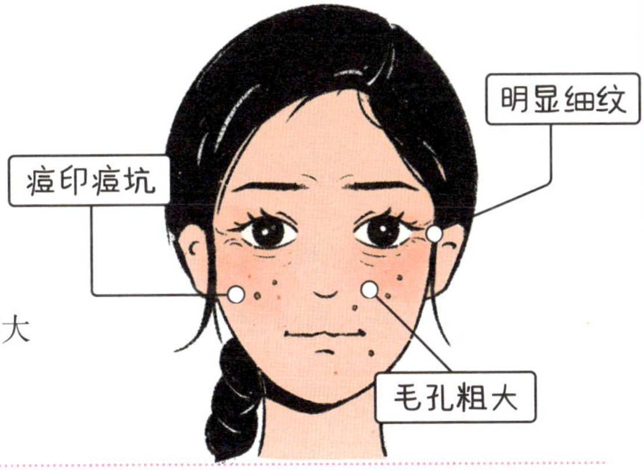

生活习惯与护肤史

杨女士因为长期熬夜加班，工作压力大，导致皮肤处于超负荷状态。同时，她的饮食偏油腻且不规律，加剧了皮肤油脂分泌问题。

曾经，她为了控油频繁使用强效洁面乳，甚至购买了一些含激素的祛痘产品，结果不但没有改善皮肤问题，反而引发了激素脸的症状，导致痘印痘坑和细纹问题加剧。

\ 皮肤检测与分析 /

皮肤检测显示

1. 油脂分泌旺盛：尤其是 T 区，皮脂分泌明显。
2. 毛孔粗大且堵塞：黑头、白头和闭口频繁出现。
3. 皮肤松弛：细纹明显，特别在眼角和额头区域。
4. 炎症区域广泛：痘印痘坑明显。

专业分析

杨女士的油性皮肤因不当护肤方式导致水油失衡，长期的炎症使痘痘问题变得顽固，且留下了难以修复的痘印痘坑。此外，工作压力和空气污染加剧了皮肤的衰老，导致胶原蛋白流失，细纹逐渐形成，脸部轮廓变得不清晰。

制订修复方案

1. 基础护肤

使用含有精氨酸和海藻糖等成分的清爽型保湿乳液，维持水油平衡，避免外油内干的现象。

2. 抗炎修护

使用三肽-1铜、苦参根提取物等成分的护肤品，修复受损细胞，缓解炎症。

3. 痘印淡化

使用含有维生素C或烟酰胺的精华液，有效淡化痘印，均匀肤色。

4. 抗皱紧致

使用含胶原蛋白和多肽类成分的面膜和精华液，提升皮肤弹性，减少细纹。

\ 生活习惯调整 /

睡眠管理

保证每日 7 ~ 8 小时睡眠，避免熬夜，加速皮肤修复周期。

饮食均衡

多吃新鲜的蔬菜和水果，避免高糖高脂食品。

压力管理

适当运动和放松，提高身体代谢能力，减轻心理压力。

\ 修复过程记录 /

第 1~2 周

杨女士开始使用温和洁面乳和清爽保湿乳液，T 区油脂分泌明显减少，皮肤逐渐适应新的护肤方案。

第 3~6 周

修护抗炎产品开始显效，皮肤泛红和痘痘炎症逐渐缓解，痘印开始淡化，毛孔有所缩小。

第 7~16 周

细纹显著减淡，痘印痘坑逐渐修复，皮肤整体状态提升，脸部更紧致、光滑，肤色均匀透亮。

\ 修复效果 /

修复前

脸部皮肤布满痘印痘坑，T 区油光严重，毛孔粗大，细纹明显，肤色暗沉。

修复后

皮肤变得清爽不油腻，红血丝减少，痘印痘坑淡化，肤色均匀透亮，脸部焕发健康光泽。

案例二、痘痘消失记：新手妈妈重塑皮肤

基本情况

姓名：高女士

年龄：31 岁

肤质类型：ORPT

主要问题：痘痘、斑点、肤色不均

持续时间：2 年

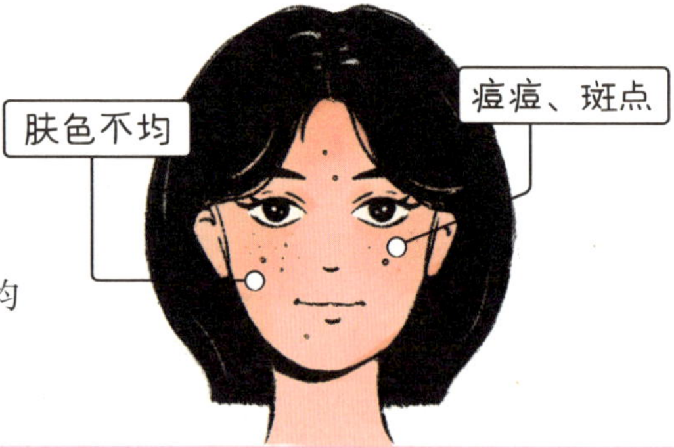

生活习惯与护肤史

高女士在生育后，生活习惯发生了很大变化，皮肤也因此面临连环挑战。

为了补充营养，让奶水丰沛，她吃了不少高蛋白高脂肪食物（如猪蹄、鸡汤等），再加上方便食品助阵，其中的高盐和食品添加剂让皮肤代谢压力增大，痘痘频发，肤色暗沉。

同时，因为忙于照顾宝宝，高女士的睡眠也开启了碎片化模式，不规律的睡眠让她的皮脂腺“过度加班”，导致痘痘更顽固，细纹和皮肤暗沉问题也纷纷找上门来。

最后，她因为长期缺乏运动，疏于防晒，进而加剧了毛孔堵塞和肤色晦暗等问题。

\ 皮肤检测与分析 /

皮肤检测显示

1. 油脂分泌旺盛：毛囊口堵塞严重，痘痘频发。
2. 色素沉着：痘印较深，面部肤色暗沉不均。

专业分析

高女士的皮肤受到激素紊乱和不良生活习惯的影响，油脂分泌旺盛，细菌混合引发炎症，出现痘痘和痘印。在痘痘和紫外线的双重作用下，黑色素增多，肤色变得暗沉不均。

制订修复方案

1. 基础清洁

选用温和的氨基酸洁面产品，早晚各清洁一次。氨基酸洁面产品的 pH 值接近皮肤的 pH 值，能够温和地清洁皮肤表面的油脂和污垢。但要避免过度清洁对皮肤屏障造成的破坏。

对于痘痘较为严重的区域，可以使用含有茶树精油或水杨酸的局部清洁产品，但要注意使用频率和产品浓度，避免过度刺激皮肤。

记住！在清洁时，水温控制在 32~35℃，以免烫伤皮肤而进一步损伤皮肤屏障。

2. 消炎保湿

选用含有玻尿酸、寡肽等成分的精华液和面膜，帮助减轻皱纹、增加弹性。选择质地轻薄、不油腻且含有抗菌消炎和舒缓修护成分，如苦参根提取物、艾叶提取物、羧甲基脱乙酰壳多糖等的乳液或精华液。

小贴士：在哺乳期的妈妈们，要选择成分安全、经过专业认证的护肤品，避免对婴儿产生不良影响。

3. 祛痘修护

使用含有低浓度水杨酸、壬二酸、维 A 酸衍生物等成分的祛痘产品。这些成分能够调节角质层代谢，抑制皮脂腺分泌，减轻炎症，改善痘痘。注意！在使用维 A 酸衍生物的同时要注意防晒，因为这类成分会使皮肤对紫外线更加敏感。对于痘印修复，可以使用含有维生素 C、烟酰胺、积雪草苷等成分的精华液或面霜。

小贴士：在使用祛痘和痘印修护产品时，要先在耳后进行皮肤测试，观察是否有过敏反应。如果没有过敏反应，可以按照产品说明使用，一般祛痘产品在炎症期使用，痘印修护产品在痘痘愈合后使用哦。

在哺乳期的妈妈们，要谨慎选择祛痘和痘印修护产品，必要时咨询皮肤科医生或专业人士的意见。

4. 美白祛斑

使用含有芍药根提取物、九肽-1、熊果苷等美白成分的精华液或乳液。这些成分能够抑制酪氨酸酶的活性，减少黑色素的合成，同时分解已经形成的黑色素，改善肤色暗沉。

小贴士：在使用美白产品时，也要先在耳后进行皮肤测试，观察是否有过敏反应。如果没有过敏反应，可以在晚上洁面、保湿后，取适量美白产品均匀涂抹于面部，并轻轻按摩至吸收。

注意！使用美白产品期间要严格防晒，避免紫外线刺激导致黑色素反黑。

5. 防晒

每天使用防晒指数SPF30、PA+++或以上防晒霜，定时补涂，同时配合物理防晒工具。高女士在哺乳期，选择防晒剂应以物理防晒剂为主，建议使用含有二氧化钛或氧化锌的防晒霜，这类产品相对安全，不易被皮肤吸收，哺乳期可以放心使用。

\ 生活习惯调整 /

睡眠管理

保证每日 7 ~ 8 小时睡眠，避免熬夜，加速皮肤修复周期。

饮食均衡

饮食保持清淡、健康。多吃新鲜蔬菜和水果，避免含添加剂的方便食品，避免高盐、高脂、高糖食品。

压力管理

适当运动和放松，提高身体代谢能力，减轻心理压力。

\ 修复过程记录 /

第 1~3 周

高女士的皮肤逐渐适应新的护肤方案，瘙痒、油腻现象有所缓解，油脂分泌得到初步控制，毛孔开始呈现收缩趋势。

第 4~12 周

抗炎修复产品效果显著，痘痘明显减少，皮肤状态变得更加稳定；肤质逐渐改善，肤色均匀提亮，皮肤变得更加光滑细腻；期间进行的定期专业治疗进一步巩固了改善效果。

第13~16周

皮肤状态达到最佳，斑点逐步消退，肤色均匀自然，而且油脂分泌保持平衡，毛孔问题得到根本解决；整体肤质显著提升，炎症现象不再发生。

修复效果

修复前

面部红疹明显，斑点严重，肤色暗沉不均，毛孔粗大，整体肤质粗糙。

修复后

肤色均匀自然，红疹消退，斑点淡化，毛孔细腻，皮肤光滑白亮。

案例三、红肿消失，细纹退散：激素脸的科学修复

基本情况

姓名：彭女士

年龄：40 岁

肤质类型：DSNW

主要问题：激素脸引起的红肿脱皮

持续时间：4 年

生活习惯与护肤史

彭女士生活在内陆地区，环境偏干燥，日常也不注重皮肤修护，导致皮肤干燥敏感。加上她错误护肤，长期使用了含激素的化妆品，导致皮肤屏障受损。皮肤敏感泛红、脱皮等问题一发不可收拾，细纹也早早爬上脸庞。

\ 皮肤检测与分析 /

皮肤检测显示

1. 皮肤水分严重缺失，皮肤屏障受损。
2. T 区油腻而两颊干燥，水油不平衡。
3. 面部有明显红肿和脱皮现象，伴随肤色不均和松弛问题。

专业分析

彭女士的激素脸问题主要源自长期使用含有刺激性成分的产品，皮肤的天然屏障被破坏，皮肤免疫力下降。同时，因生活环境干燥，细纹和面部松弛问题也逐渐显现。

制订修复方案

1. 温和清洁

使用无添加、低刺激的洁面乳，避免使用含酒精和香料的产品，早晚进行基础清洁。

2. 深层保湿

选择含库拉索芦荟叶汁、仙人掌提取物等成分产品，修护受损细胞，滋养皮肤。

3. 抗炎修护

- 舒缓抗炎：使用含有甘草酸二钾、尿囊素的精华液，缓解炎症和红肿，提升皮肤的自我修复能力。
- 物理防晒：必须使用物理防晒霜（含氧化锌或二氧化钛），避免紫外线加重炎症。

4. 抗皱紧致

采用含纤连蛋白、寡肽类的面膜和精华液，深层滋润皮肤，帮助改善松弛和细纹问题。

5. 专业治疗

使用镇定舒缓的抗炎产品，减轻炎症，加速皮肤新陈代谢。

\ 生活习惯调整 /

作息调整

固定睡眠时间，保证每晚 7~8 小时睡眠，帮助皮肤进入修复模式。

饮食改善

少吃辛辣油腻食物，多选择富含抗氧化物质，如绿叶菜、浆果等的食物，内调外养。

心理减压

通过瑜伽、冥想等活动放松身心，减少精神压力对皮肤的影响。

修复过程记录

第1~2周

前两周属于舒缓阶段，在此阶段彭女士的红肿和刺痛感逐渐缓解，脱皮现象减轻，皮肤不再紧绷。

第3~8周

进入屏障修复阶段，大约6周时间皮肤屏障功能逐步恢复，油脂分泌趋于平衡，过敏症状显著减少，肤色均匀度提升。

第9~16周

最后进入巩固提升阶段。红肿基本消退，脱皮现象完全消失，细纹变浅，皮肤变得更加光滑细腻，整体紧致度提升。

\ 修复效果 /

修复前	修复后

面部红肿，脱皮明显，且皮肤粗糙松弛。

皮肤焕然一新，红肿和脱皮现象彻底消失，肤色均匀，皮肤紧致光滑，展现健康光彩。

案例四、屏障修复记：再见，红血丝与玫瑰痤疮

基本情况

姓名：马女士

年龄：33 岁

肤质类型：DSPT

主要问题：

持续性脸颊泛红、干燥脱皮、肤色暗黄

持续时间：5 年

生活习惯与护肤史

马女士是典型的“劳累担当”，繁忙的工作致使她长期睡眠不规律，应酬中的辛辣饮食也加重了她的皮肤负担，导致她本就敏感的皮肤逐渐变得暗黄。

同时，她长期使用高效护肤品（如美白、祛斑等产品），却忽视了前后的修护工作，使得皮肤日渐干燥，甚至开始脱皮。

\ 皮肤检测与分析 /

皮肤检测显示

1. 屏障受损：角质层薄弱，皮肤屏障功能不全。
2. 红血丝明显：真皮层毛细血管扩张，红血丝常驻脸颊。
3. 极度缺水：皮肤锁水能力差，持续干燥脱皮。

专业分析

不当护肤和外界刺激导致皮肤屏障受损。真皮层毛细血管长期受到刺激，形成难以消退的红血丝。修复的关键在于重建皮肤屏障，提升皮肤的吸收代谢能力和自我防御能力，同时淡化黑色素。

制订修复方案

1. 温和清洁

使用敏感肌专用的无香料、无酒精的温和洁面乳和保湿水，避免任何可能刺激皮肤的成分。

2. 深层补水

选择含多糖类、透明质酸钠、雨生红球藻提取物的抗氧化锁水面霜，帮助皮肤锁住水分，恢复弹性。

3. 抗炎修复

早晚使用含绿豆籽提取物、卡瓦胡椒根提取物的爽肤水和精华液，减轻炎症和泛红，以舒缓修护为主。涂抹物理防晒霜（含氧化锌或二氧化钛），避免紫外线暴露加剧泛红和暗沉。

\ 生活习惯调整 /

作息规律

保证每晚 7 ~ 8 小时睡眠，拒绝熬夜。

环境改善

避免长时间待在空调房里，注意舒缓紧张情绪。

减少刺激

减少化妆频率，选择敏感肌友好的化妆品。

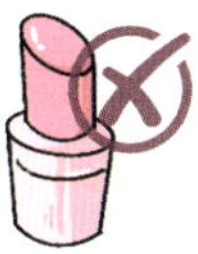

修复过程记录

第1~2周

整个修复过程分3个阶段。舒缓阶段，马女士的皮肤开始适应新的护肤方案，干燥和刺痛感明显缓解。

第3~6周

进入屏障修复阶段后，泛红问题有所改善，角质层逐步增厚，皮肤状态得到提升。

第7~20周

最后进入巩固提升阶段，马女士的皮肤屏障功能逐渐恢复，肤色变得透亮、有光泽，整体肤质更加细腻光滑。

温馨提示

继续坚持基础护肤步骤，定期回诊复查，根据皮肤状态调整护肤方案。同时，注意保持健康的生活方式和饮食习惯。

\ 修复效果 /

修复前	修复后

脸颊泛红，干燥脱皮，红血丝和肤色暗黄症状明显。	皮肤水润饱满，红血丝几乎看不见，肤色均匀，整体焕发健康光泽。

通过这 4 个真实的护肤案例，我们不仅看到了每个人在护肤过程中可能面临的挑战，也看到了长期坚持正确的护肤方法和调整生活习惯的重要性。所以，无论你是深陷痘痘困扰，还是正在为皮肤干燥、敏感而烦恼，记住，护肤过程并非一蹴而就，除了合适的护肤方案，你还需要耐心与细心。

到这里，本书已接近尾声。在创作本书的过程中，从早期的构思到后期文字的编写，我投入了多年的研究心得和极大的热忱，由衷期望本书能成为诸位在护肤之路上的可靠指引，帮助大家告别盲目护肤的迷茫，精准探寻皮肤护理的真谛，开启皮肤焕新的崭新历程，让皮肤时刻绽放健康美丽的光彩。